초등 **4-1**

ViaEducation

먼저 읽어 보고 다양한 의견을 준 학생들 덕분에 『수학의 미래』가 세상에 나올 수 있었습니다.

강소을	서울공진초등학교	김대현	광명가림초등학교	김동혁	김포금빛초등학교
김지성	서울이수초등학교	김채윤	서울당산초등학교	김하율	김포금빛초등학교
박진서	서울북가좌초등학교	변예림	서울신용산초등학교	성민준	서울이수초등학교
심재민	서울하늘숲초등학교	오 현	서울청덕초등학교	유하영	일산 홈스쿨링
윤소윤	서울갈산초등학교	이보림	김포가현초등학교	이서현	서울경동초등학교
이소은	서울서강초등학교	이윤건	서울신도초등학교	이준석	서울이수초등학교
이하은	서울신용산초등학교	이호림	김포가현초등학교	장윤서	서울신용산초등학교
장윤수	서울보광초등학교	정초비	안양희성초등학교	천강혁	서울이수초등학교
최유현	고양동산초등학교	한보윤	서울신용산초등학교	한소윤	서울서강초등학교
황서영	서울대명초등학교				

그 밖에 서울금산초등학교, 서울남산초등학교, 서울대광초등학교, 서울덕암초등학교,
서울목원초등학교, 서울서강초등학교, 서울은천초등학교, 서울자양초등학교,
세종은빛초등학교, 인천계양초등학교 학생 여러분께 감사드립니다.

1 '수학의 시대'에 필요한 진짜 수학

여러분은 새로운 시대에 살고 있습니다. 인류의 삶 전반에 큰 변화를 가져올 '제4차 산업혁명'의 시대 말입니다. 새로운 시대에는 시험 문제로만 만났던 '수학'이 우리 일상의 중심이 될 것입니다. 영국 총리 직속 연구위원회는 "수학이 인공 지능, 첨단 의학, 스마트 시티, 자율 주행 자동차, 항공 우주 등 제4차 산업혁명의 심장이 되었다. 21세기 산업은 수학이 좌우할 것"이라는 내용의 보고서를 발표하기도 했습니다. 여기서 말하는 '수학'은 주어진 문제를 풀고 답을 내는 수동적인 '수학'이 아닙니다. 이런 역할은 기계나 인공 지능이 더 잘합니다. 제4차 산업혁명에서 중요하게 말하는 수학은 일상에서 발생하는 여러 사건과 상황을 수학적으로 사고하고 수학 문제로 바꾸어 해결할 수 있는 능력, 즉 일상의 언어를 수학의 언어로 전환하는 능력입니다. 주어진 문제를 푸는 수동적 역할에서 벗어나 지식의 소유자, 능동적 발견자가 되어야 합니다.

『수학의 미래』는 미래에 필요한 수학적인 능력을 키워 줄 것입니다. 하나뿐인 정답을 찾는 것이 아니라 문제를 해결하는 다양한 생각을 끌어내고 새로운 문제를 만들 수 있는 능력을 말입니다. 물론 새 교육과정과 핵심 역량도 충실히 반영되어 있습니다.

2 학생의 자존감 향상과 성장을 돕는 책

수학 때문에 마음에 상처를 받은 경험이 누구에게나 있을 것입니다. 시험 성적에 자존심이 상하고, 너무 많은 훈련에 지치기도 하고, 하고 싶은 일이나 갖고 싶은 직업이 있는데 수학 점수가 가로막는 것 같아 수학이 미워지고 자신감을 잃기도 합니다.

이런 수학이 좋아지는 최고의 방법은 수학 개념을 연결하는 경험을 해 보는 것입니다. 개념과 개념을 연결하는 방법을 터득하는 순간 수학은 놀랄 만큼 재미있어집니다. 개념을 연결하지 않고 따로따로 공부하면 공부할 양이 많게 느껴지지만 새로운 개념을 이전 개념에 차근차근 연결해 나가면 머릿속에서 개념이 오히려 압축되는 것을 느낄 수 있습니다.

이전 개념과 연결하는 비결은 수학 개념을 친구나 부모님에게 설명하고 표현하는 것입니다. 이 과정을 통해 여러분 내면에 수학 개념이 차곡차곡 축적됩니다. 탄탄하게 개념을 쌓았으므로 어떤 문제 앞에서도 당황하지 않고 해결할 수 있는 자신감이 생깁니다.

『수학의 미래』는 수학 개념을 외우고 문제를 푸는 단순한 학습서가 아닙니다. 여러분은 여기서 새로운 수학 개념을 발견하고 연결하는 주인공 역할을 해야 합니다. 그렇게 발견한 수학 개념을 주변 사람들에게나 자신에게 항상 소리 내어 설명할 수 있어야 합니다. 설명하는 표현학습을 통해 수학 지식은 선생님의 것이나 교과서 속에 있는 것이 아니라 여러분의 것이 됩니다. 자신의 것으로 소화하게 된다는 말이지요. 『수학의 미래』는 여러분이 수학적 역량을 키워 사회에 공헌할 수 있는 인격체로 성장할 수 있게 도와줄 것입니다.

3 스스로 수학을 발견하는 기쁨

수학 개념은 처음 공부할 때가 가장 중요합니다. 처음부터 남에게 배운 것은 자기 것으로 소화하기가 어렵습니다. 아직 소화하지도 못했는데 문제를 풀려 들면 공식을 억지로 암기할 수밖에 없습니다. 좋은 결과를 기대할 수 없지요.

『수학의 미래』는 누가 가르치는 책이 아닙니다. 자기 주도적으로 학습해야만 이 책의 목적을 달성할 수 있습니다. 전문가에게 빨리 배우는 것보다 조금은 미숙하고 늦더라도 혼자 힘으로 천천히 소화해 가는 것이 결과적으로는 더 빠릅니다. 친구와 함께할 수 있다면 더욱 좋고요.

『수학의 미래』는 예습용입니다. 학교 공부보다 2주 정도 먼저 이 책을 펼치고 스스로 할 수 있는 데까지 해냅니다. 너무 일찍 예습을 하면 실제로 배울 때는 기억이 사라져 별 효과가 없는 경우가 많습니다. 2주 정도의 기간을 가지고 한 단원을 천천히 예습할 때 가장 효과가 큽니다. 그리고 부족한 부분은 학교에서 배우며 보완합니다. 이 책을 가지고 예습하다 보면 의문점도 많이 생길 것입니다. 그 의문을 가지고 수업에 임하면 수업에 집중할 수 있고 확실히 깨닫게 되어 수학을 발견하는 기쁨을 누리게 될 것입니다.

전국수학교사모임 미래수학교과서팀을 대표하여
최수일 씀

복잡하고 어려워 보이는 수학이지만 개념의 연결고리를 찾을 수 있다면 쉽고 재미있게 접근할 수 있어요. 멋지고 튼튼한 집을 짓기 위해서 치밀한 설계도가 필요한 것처럼 여러분 머릿속에 수학의 개념이라는 큰 집이 자리 잡기 위해서는 체계적인 공부 설계가 필요하답니다. 개념이 어떻게 적용되고 연결되며 확장되는지 여러분 스스로 발견할 수 있도록 선생님들이 꼼꼼하게 설계했어요!

단원 시작

수학 학습을 시작하기 전에 무엇을 배울지 확인하고 나에게 맞는 공부 계획을 세워 보아요. 선생님들이 표준 일정을 제시해 주지만, 속도는 목표가 될 수 없습니다. 자신에게 맞는 공부 계획을 세우고, 실천해 보아요.

복습과 예습을 한눈에 확인해요!

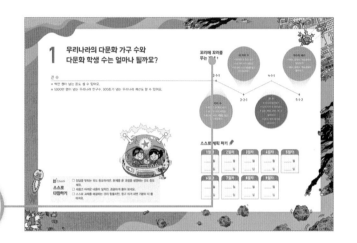

기억하기

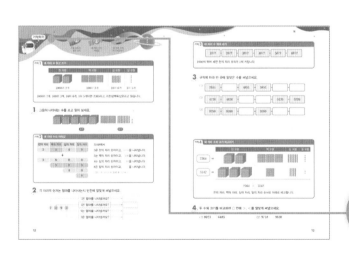

새로운 개념을 공부하기 전에 이전에 배웠던 '연결된 개념'을 꼭 확인해요. 아는 내용이라고 지나치지 말고 내가 제대로 이해했는지 확인해 보세요. 새로운 개념을 공부할 때마다 어떤 개념에서 나왔는지 확인하는 습관을 가져 보세요. 앞으로 공부할 내용들이 쉽게 느껴질 거예요.

배웠다고 만만하게 보면 안 돼요!

새로운 개념과 만나기 전에 탐구하고 생각해야 풀 수 있는 '열린 질문'으로 이루어져 있어요. 처음에는 생각해 내기 어려울 수 있지만 개념 연결과 추론을 통해 문제를 해결할 수 있다면 자신감이 두 배는 생길 거예요. 한 가지 정답이 아니라 다양한 생각, 자유로운 생각이 담긴 나만의 답을 써 보세요. 깊게 생각하는 힘, 수학적으로 생각하는 힘이 저절로 커져서 어떤 문제가 나와도 당황하지 않게 될 거예요.

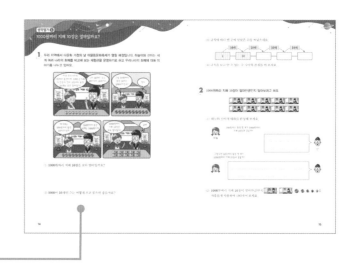

내 생각을 자유롭게 써 보아요!

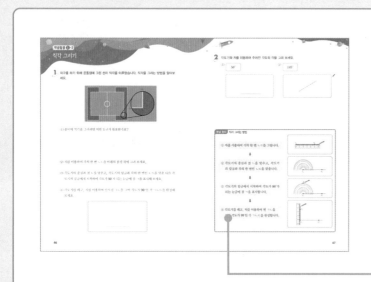

'생각열기'에서 나온 개념이나 정의 등을 한눈에 확인할 수 있게 정리했어요. 또한 개념이 적용된 다양한 예제를 통해 기본기를 다질 수 있어요. '생각열기'와 짝을 이루어 단원에서 배워야 할 주요한 개념과 원리를 알려 주어요.

개념의 핵심만 추렸어요!

표현하기·선생님 놀이

혼자 힘으로 정리하고 연결해요!

새로 배운 개념을 혼자 힘으로 정리하고, 관련된 이전 개념을 연결해요. 수학 개념은 모두 연결되어 있어서 그 연결고리를 찾아가다 보면 '아, 그렇구나!' 하는, 공부의 재미를 느끼는 순간이 찾아올 거예요.

친구나 부모님에게 설명해 보세요!

문제를 모두 풀었다고 해도 설명을 할 수 없으면 이해하지 못한 거예요. '선생님 놀이'에서 말로 설명을 하다 보면 내가 무엇을 모르는지, 어디서 실수했는지를 스스로 발견하고 대비할 수 있어요.

개념을 완벽히 이해했다면 실제 시험에 대비하여 문제를 풀어 보아요. 다양한 문제에 대처할 수 있도록 난이도와 문제의 형식에 따라 '기본'과 '심화'로 나누었어요. '기본'에서는 개념을 복습하고 확인해요. '심화'는 한 단계 나아간 문제로, 일상에서 벌어지는 다양한 상황이 문장제로 나와요. 생활 속에서 일어나는 상황을 수학적으로 이해하고 식으로 써서 답을 내는 과정을 거치다 보면 내가 왜 수학을 배우는지, 내 삶과 수학이 어떻게 연결되는지 알 수 있을 거예요.

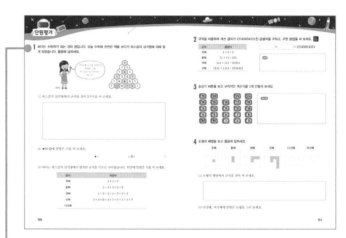

문장제까지 해결하면 자신감이 쑥쑥!

『수학의 미래』는 혼자서 개념을 익히고 적용할 수 있도록 설계되었기 때문에 해설을 잘 활용해야 해요. 문제를 푼 후에 답과 해설을 확인하여 여러분의 생각과 비교하고 수정해보세요. 그리고 '선생님의 참견'에서는 선생님이 문제를 낸 의도를 친절하게 설명했어요. 의도를 알면 문제의 핵심을 알 수 있어서 쉽게 잊히지 않아요.

문제의 숨은 뜻을 꼭 확인해요!

차례

1 우리나라의 다문화 가구 수와 다문화 학생 수는 얼마나 될까요?

큰 수

★ 백만 원이 넘는 돈도 셀 수 있어요.

★ 5000만 명이 넘는 우리나라 인구수, 500조가 넘는 우리나라 예산도 알 수 있어요.

☑ Check

스스로 다짐하기

□ 정답을 맞히는 것도 중요하지만, 문제를 푼 과정을 설명하는 것도 중요해요.

□ 새롭고 어려운 내용이 많지만, 꼼꼼하게 풀어 보세요.

□ 스스로 과제를 해결하는 것이 힘들지만, 참고 이겨 내면 기분이 더 좋아져요.

꼬리에 꼬리를 무는 개념 ✦

네 자리 수
- 네 자리 수 읽고 쓰기
- 네 자리 수의 자릿값
- 네 자리 수의 계열을 알고 크기 비교하기

2-1-1

약수와 배수
- 약수, 공약수, 최대공약수 알아보기
- 배수, 공배수, 최소공배수 알아보기

4-1-1

세 자리 수
- 세 자리 수 읽고 쓰기
- 세 자리 수의 자릿값
- 세 자리 수의 계열을 알고 크기 비교하기

2-2-1

큰 수
- 10000 알아보기
- 다섯 자리 수 알아보기
- 십만, 백만, 천만, 억, 조 알아보기
- 큰 수 뛰어 세기와 비교하기

5-1-2

스스로 계획 짜기 ✏

1일차	2일차	3일차	4일차	5일차
____월 ____일	____월 ____일	____월 ____일	____월 ____일	____월 ____일

6일차	7일차	8일차	9일차
____월 ____일	____월 ____일	____월 ____일	____월 ____일

	2-2		2-2		2-2
	네 자리 수 읽고 쓰기		네 자리 수의 자릿값		네 자리 수의 크기 비교하기

기억 1 네 자리 수 읽고 쓰기

천 모형	백 모형	십 모형	일 모형
1000이 2개	100이 3개	10이 6개	1이 5개

1000이 2개, 100이 3개, 10이 6개, 1이 5개이면 2365이고, 이천삼백육십오라고 읽습니다.

1 그림이 나타내는 수를 쓰고 읽어 보세요.

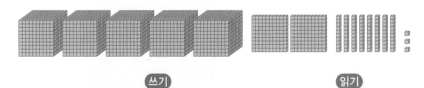

쓰기 _____   읽기 _____

기억 2 네 자리 수의 자릿값

천의 자리	백의 자리	십의 자리	일의 자리
3	5	4	8
⬇			
3	0	0	0
	5	0	0
		4	0
			8

3548에서

3은 천의 자리 숫자이고, 3000을 나타냅니다.

5는 백의 자리 숫자이고, 500을 나타냅니다.

4는 십의 자리 숫자이고, 40을 나타냅니다.

8은 일의 자리 숫자이고, 8을 나타냅니다.

$3548 = 3000 + 500 + 40 + 8$

2 각 자리의 숫자는 얼마를 나타내는지 빈칸에 알맞게 써넣으세요.

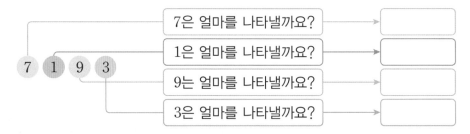

7은 얼마를 나타낼까요? ➡ ____

1은 얼마를 나타낼까요? ➡ ____

9는 얼마를 나타낼까요? ➡ ____

3은 얼마를 나타낼까요? ➡ ____

기억 3 네 자리 수 뛰어 세기

| 1872 | 2872 | 3872 | 4872 | 5872 | 6872 |

1000씩 뛰어 세면 천의 자리 숫자가 1씩 커집니다.

3 규칙에 따라 빈 곳에 알맞은 수를 써넣으세요.

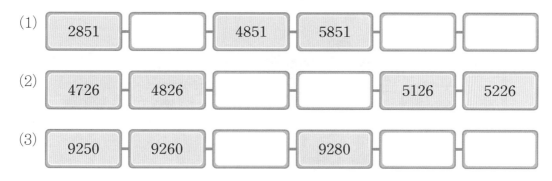

(1)

| 2851 | | 4851 | 5851 | | |

(2)

| 4726 | 4826 | | | 5126 | 5226 |

(3)

| 9250 | 9260 | | 9280 | | |

기억 4 네 자리 수의 크기 비교하기

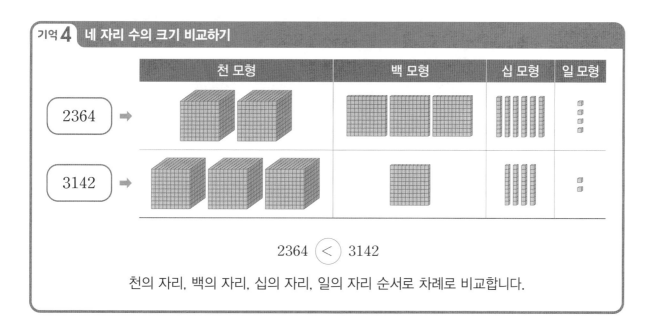

	천 모형	백 모형	십 모형	일 모형
2364				
3142				

2364 < 3142

천의 자리, 백의 자리, 십의 자리, 일의 자리 순서로 차례로 비교합니다.

4 두 수의 크기를 비교하여 ○ 안에 >, <를 알맞게 써넣으세요.

(1) 8023 ◯ 6485

(2) 9718 ◯ 9830

13

1000원짜리 지폐 10장은 얼마일까요?

1 우리 지역에서 다문화 가정의 날 어울림문화축제가 열릴 예정입니다. 하늘이와 산이는 세계 여러 나라의 화폐를 비교해 보는 체험관을 운영하기로 하고 우리나라의 화폐에 대해 이야기를 나누고 있어요.

(1) 1000원짜리 지폐 10장은 모두 얼마일까요?

(2) 1000이 10개인 수는 어떻게 쓰고 읽으면 좋을까요?

(3) 규칙에 따라 빈 곳에 알맞은 수를 써넣으세요.

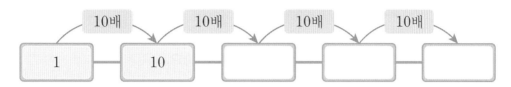

(4) 규칙을 보고 알 수 있는 수 사이의 관계를 써 보세요.

 1000원짜리 지폐 10장이 얼마만큼인지 알아보려고 해요.

(1) 하늘과 산이의 대화를 완성해 보세요.

하늘

100원짜리 동전 몇 개가 1000원짜리 지폐 10장과 같을까?

산

그렇다면 10원짜리 동전 몇 개가 1000원짜리 지폐 10장과 같을까?

(2) 1000원짜리 지폐 10장이 얼마만큼인지 을 자유롭게 사용하여 나타내어 보세요.

10000(1만) 알아보기

1 수 모형이 몇 개인지 세어 □ 안에 알맞은 수를 써넣으세요.

1000이 □ 개이므로 [   ] 입니다.

1000이 □ 개이므로 [   ] 입니다.

1000이 □ 개이므로 [   ] 입니다.

1000이 □ 개이므로 [   ] 입니다.

1000이 □ 개이므로 [   ] 입니다.

1000이 □ 개이므로 [   ] 입니다.

1000이 □ 개이므로 [   ] 입니다.

1000이 □ 개이므로 [   ] 입니다.

1000이 □ 개이므로 [   ] 입니다.

1000이 □ 개이므로 [   ] 입니다.

개념 정리 1000이 10개인 수

1000이 10개인 수를 10000 또는 1만이라 쓰고, 만 또는 일만이라고 읽습니다.

| 1000 | 1000 | 1000 | 1000 | 1000 |
| 1000 | 1000 | 1000 | 1000 | 1000 |

2 10000이 얼마만큼의 수인지 알아보세요.

(1)

| 6000 | 7000 | | 9000 | |

(2) 10000은 9000보다 얼마 더 큰 수인가요?

(3)

| 9600 | 9700 | | 9900 | |

(4) 10000은 9900보다 얼마 더 큰 수인가요?

(5)

| 9960 | 9970 | | 9990 | |

(6) 10000은 9990보다 얼마 더 큰 수인가요?

(7)

| 9996 | 9997 | | 9999 | |

(8) 10000은 9999보다 얼마 더 큰 수인가요?

3 규칙을 정해 빈칸에 알맞은 수를 써넣고 10000을 여러 가지 방법으로 표현해 보세요.

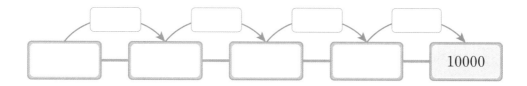

다섯 자리 수 알아보기

 24635는 얼마만큼의 수인지 알아보세요.

만의 자리	천의 자리	백의 자리	십의 자리	일의 자리
2	4	6	3	5

↓

2	0	0	0	0
	4	0	0	0
		6	0	0
			3	0
				5

(1) 24635에서 2, 4, 6, 3, 5는 각각 어느 자리 숫자이고 얼마를 나타내는지 써 보세요.

(2) 24635를 각 자리의 숫자가 나타내는 값의 합으로 나타내어 보세요.

24635 = ☐ + ☐ + ☐ + ☐ + ☐

개념 정리 다섯 자리 수

10000이 4개, 1000이 5개, 100이 1개, 10이 3개, 1이 2개인 수를 45132라 쓰고, 사만
오천백삼십이라고 읽습니다.

 2 52894는 얼마만큼의 수인지 알아보세요.

	만의 자리	천의 자리	백의 자리	십의 자리	일의 자리
숫자					
나타내는 값					

(1) 52894의 각 자리의 숫자를 빈칸에 알맞게 써넣으세요.

(2) 52894의 각 자리의 숫자가 나타내는 값을 빈칸에 알맞게 써넣으세요.

(3) 52894를 각 자리의 숫자가 나타내는 값의 합으로 나타내어 보세요.

52894 = ☐ + ☐ + ☐ + ☐ + ☐

 3 빈칸에 알맞은 수나 말을 써넣으세요.

23579	이만 삼천오백칠십구
39564	
	오만 사천이백칠십삼
68013	
	팔만 구백사십칠

4 우리 주변에서 다섯 자리 수를 찾아 쓰고 읽어 보세요.

다문화 가구 수는 얼마일까요?

1 우리나라 다문화 가구 수를 알아보려고 해요.

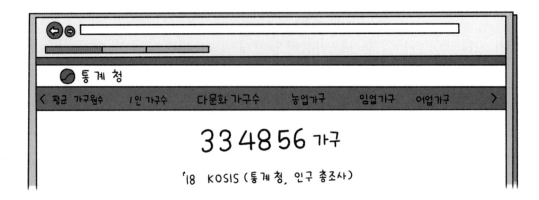

(1) 빈칸에 알맞은 수나 말을 써넣으세요.

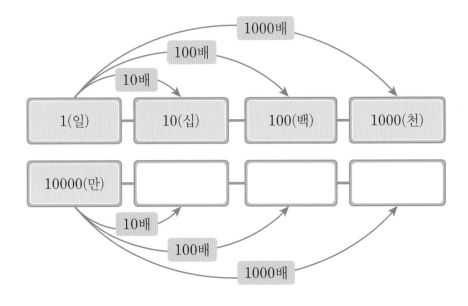

(2) 10000이 10개인 수를 어떻게 쓰고 읽는지 설명해 보세요.

(3) 10000이 100개인 수를 어떻게 쓰고 읽는지 설명해 보세요.

(4) 10000이 1000개인 수를 어떻게 쓰고 읽는지 설명해 보세요.

(5) 334856의 각 자리의 숫자에 대해 설명해 보세요.

(6) 334856의 각 자리의 숫자가 나타내는 값에 대해 설명해 보세요.

2 10000, 10000이 10개인 수, 10000이 100개인 수, 10000이 1000개인 수의 관계를 설명해 보세요.

3 수 사이의 관계를 알아보려고 해요.

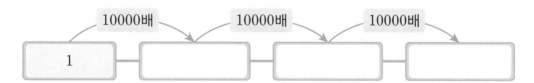

(1) 빈칸에 알맞은 수를 써넣으세요.

(2) 규칙을 보고 수 사이의 관계를 설명해 보세요.

십만, 백만, 천만 알아보기

1 10000이 10개인 수를 알아보세요.

(1) 10000이 10개인 수는 무엇인지 빈칸에 알맞은 수를 써넣으세요.

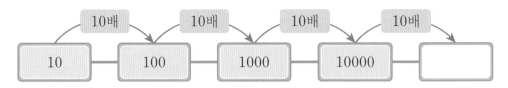

(2) 250000에서 2, 5는 각각 어느 자리 숫자이고 얼마를 나타내는지 써 보세요.

2	5	0	0	0	0
십	일	천	백	십	일
	만				

(3) 250000을 각 자리의 숫자가 나타내는 값의 합으로 나타내어 보세요.

250000 = ☐ + ☐

2 10000이 100개인 수를 알아보세요.

(1) 10000이 100개인 수는 무엇인지 빈칸에 알맞은 수를 써넣으세요.

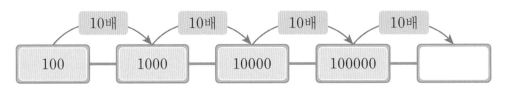

(2) 5840000에서 5, 8, 4는 각각 어느 자리 숫자이고 얼마를 나타내는지 써 보세요.

5	8	4	0	0	0	0
백	십	일	천	백	십	일
		만				

(3) 5840000을 각 자리의 숫자가 나타내는 값의 합으로 나타내어 보세요.

5840000 = ☐ + ☐ + ☐

3 10000이 1000개인 수를 알아보세요.

(1) 10000이 1000개인 수는 무엇인지 빈칸에 알맞은 수를 써넣으세요.

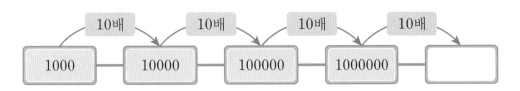

(2) 76910000에서 7, 6, 9, 1은 각각 어느 자리 숫자이고 얼마를 나타내는지 써 보세요.

7	6	9	1	0	0	0	0
천	백	십	일 만	천	백	십	일

(3) 76910000을 각 자리의 숫자가 나타내는 값의 합으로 나타내어 보세요.

76910000 = ☐ + ☐ + ☐ + ☐

개념 정리 십만, 백만, 천만

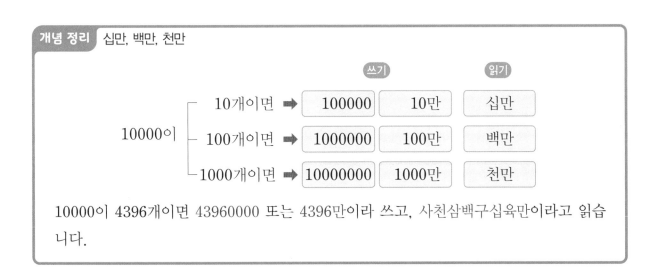

10000이 4396개이면 43960000 또는 4396만이라 쓰고, 사천삼백구십육만이라고 읽습니다.

억과 조 알아보기

1 1000만이 10개인 수를 알아보세요.

(1) 1000만이 10개인 수는 무엇인지 빈칸에 알맞은 수를 써넣으세요.

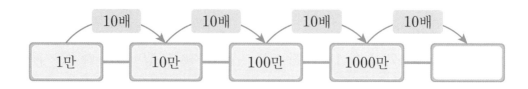

> **개념 정리**
>
> 1000만이 10개인 수를 100000000 또는 1억이라 쓰고, 억 또는 일억이라고 읽습니다.

(2) 536800000000에서 5, 3, 6, 8은 각각 어느 자리 숫자이고 얼마를 나타내는지 써 보세요.

5	3	6	8	0	0	0	0	0	0	0	0
천	백	십	일	천	백	십	일	천	백	십	일
			억				만				

(3) 536800000000을 각 자리의 숫자가 나타내는 값의 합으로 나타내어 보세요.

536800000000 = [   ] + [   ]

[   ] + [   ]

> **개념 정리**
>
> 1억이 5368개이면 536800000000 또는 5368억이라 쓰고, 오천삼백육십팔억 이라고 읽습니다.

2 1000억이 10개인 수를 알아보세요.

(1) 1000억이 10개인 수는 무엇인지 빈칸에 알맞은 수를 써넣으세요.

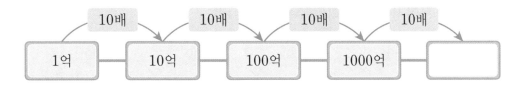

개념 정리
1000억이 10개인 수를 1000000000000 또는 1조라 쓰고, 조 또는 일조라고 읽습니다.

(2) 2943000000000000에서 2, 9, 4, 3은 각각 어느 자리 숫자이고 얼마를 나타내는지 써 보세요.

2	9	4	3	0	0	0	0	0	0	0	0	0	0	0	0
천	백	십	일	천	백	십	일	천	백	십	일	천	백	십	일
			조				억				만				

(3) 2943000000000000을 각 자리의 숫자가 나타내는 값의 합으로 나타내어 보세요.

2943000000000000 = ☐ + ☐
+ ☐ + ☐

개념 정리
1조가 2943개이면 2943000000000000 또는 2943조라 쓰고, 이천구백사십삼조라고 읽습니다.

뛰어 세기

1 뛰어 세기를 하여 빈칸에 알맞은 수를 써넣으세요.

(1)
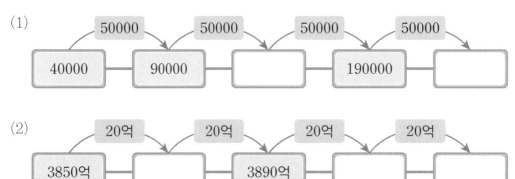

50000 / 50000 / 50000 / 50000

40000 → 90000 → ☐ → 190000 → ☐

(2)

20억 / 20억 / 20억 / 20억

3850억 → ☐ → 3890억 → ☐ → ☐

2 얼마만큼씩 뛰어 세었는지 써 보세요.

(1)

518만 — 558만 — 598만 — 638만 — 678만

(2)

1320조 — 1330조 — 1340조 — 1350조 — 1360조

3 뛰어 세기를 하여 빈칸에 알맞은 수를 써넣고, 얼마만큼씩 뛰어 세었는지 써 보세요.

(1)

3462만 — 3562만 — 3662만 — ☐ — ☐

(2)

725억 — 1025억 — 1325억 — ☐ — ☐

4 규칙을 정해 뛰어 세고, 얼마만큼씩 뛰어 세었는지 써 보세요.

(1) | 2860만 | □ | □ | □ | □ |

(2) | 30조 | □ | □ | □ | □ |

다문화 학생 수는 어느 해가 더 많을까요?

1 두 수의 크기를 비교하고 어떻게 비교했는지 써 보세요.

(1) 1025 ◯ 987

(2) 4718 ◯ 4692

(3) 네 자리 수를 비교하는 방법을 바탕으로 다섯 자리 수의 크기를 비교하는 방법을 예상해 보세요.

2 2014년 다문화 학생 수와 2019년 다문화 학생 수를 비교해 보세요.

2014년 다문화 학생 수는 67806명이야.

2019년 다문화 학생 수는 137225명이야.

3 2019년 부모의 출신 국적별 다문화 학생 수를 나타낸 자료입니다. 부모의 출신 국적이 필리핀과 중국(한국계)인 다문화 학생 수를 비교해 보세요.

부모 출신 국적별 다문화 학생 수

국가	다문화 학생 수(명)
합계	137,225
베트남	41,961
중국(한국계 제외)	30,883
필리핀	14,804
중국(한국계)	13,265
일본	9,676
기타	26,636

4 네 자리 수의 크기를 비교하는 방법과 관련지어 큰 수의 크기를 비교하는 방법을 설명해 보세요.

큰 수의 크기 비교

 1 1억 3627만과 9642만의 크기를 비교해 보세요.

(1) 1억 3627만과 9642만을 나타내는 표를 완성해 보세요.

	억	천만	백만	십만	만	천	백	십	일
1억 3627만 …						0	0	0	0
9642만 …						0	0	0	0

(2) 1억 3627만과 9642만 중 더 큰 수는 무엇인가요? 그 이유를 써 보세요.

 2 8659만과 8794만의 크기를 비교해 보세요.

(1) 8659만과 8794만을 나타내는 표를 완성해 보세요.

	천만	백만	십만	만	천	백	십	일
8659만 …					0	0	0	0
8794만 …					0	0	0	0

(2) 8659만과 8794만 중 더 작은 수는 무엇인가요? 그 이유를 써 보세요.

3 두 수의 크기를 비교하여 ○ 안에 >, <를 알맞게 써넣으세요.

(1)

5	0	0	0	0	0	0	0
	3	0	0	0	0	0	0
		7	0	0	0	0	0
			4	0	0	0	0

6	0	0	0	0	0	0
	1	0	0	0	0	0
		9	0	0	0	0
			8	0	0	0

⬇   ⬇

| | | | | | | | ○ | | | | | | |

(2)

4	0	0	0	0	0	0
	3	0	0	0	0	0
		2	0	0	0	0
			5	0	0	0

4	0	0	0	0	0	0
	3	0	0	0	0	0
		8	0	0	0	0
			2	0	0	0

⬇   ⬇

| | | | | | | | ○ | | | | | | |

개념 정리 수의 크기를 비교해 볼까요

① 자리 수를 비교하여 자리 수가 다르면 자리 수가 많은 쪽이 더 큰 수입니다.

② 자리 수를 비교하여 자리 수가 같으면 높은 자리 수부터 차례로 비교하여 수가 큰 쪽이 더 큰 수입니다.

예 자리 수가 다른 경우

$$\underset{5자리}{52103} < \underset{6자리}{201862}$$

➡ 52103은 5자리 수이고 201862는 6자리 수이므로 52103보다 201862가 더 큽니다.

예 자리 수가 같은 경우

$$8274521 > 8231320$$
$$7 > 3$$

➡ 백만 자리 수는 8, 십만 자리 수는 2로 같고, 만의 자리 수가 7 > 3이므로 8274521이 더 큽니다.

큰 수

스스로 정리 빈 곳에 알맞은 수를 써넣으세요.

1 다섯 자리 수 57289는 ⬚이 5개, ⬚이 7개, 100이 ⬚개, ⬚이 ⬚개, ⬚이 ⬚개인 수입니다. 그래서 (⬚)라고 읽습니다.

57289＝⬚ ＋ ⬚ ＋ ⬚ ＋ ⬚ ＋ ⬚

2

| 10배 | 10배 | 10배 | 10배 | 10배 | 10배 | 10배 | 10배 |

1만 → 10만 → ⬚ → ⬚ → 1억 → 10억 → ⬚ → ⬚ → ⬚

⬚ 배   ⬚ 배

개념 연결 물음에 답하세요.

주제	설명하기
더 큰 수	1000은 900보다 ⬚ 큰 수입니다.
더 작은 수	700은 1000보다 ⬚ 작은 수입니다.
수의 크기 비교	○ 안에 알맞은 기호를 쓰고, 두 수의 크기를 비교하는 방법을 정리해 보세요. 7645 ○ 7671 **방법**

---

1 친구에게 편지를 통해 10000을 예와 같은 방법으로 3가지 더 설명해 보세요.

예 10000은 9999보다 1 큰 수야.

2 두 수의 크기를 비교하는 방법과 비교한 결과를 친구에게 편지로 설명해 보세요.

1234560000 ○ 123897000

1 수 카드 1 , 2 , 3 , 4 , 5 를 모두 한 번씩만 사용하여 만든 짝수 중 다음

조건 에 알맞은 수를 구하고 답을 구한 방법을 설명해 보세요.

> 조건
> • 32000보다 큰 수입니다.
> • 32400보다 작은 수입니다.

2 숫자 5가 나타내는 값을 각각 읽고 그 값이 가장 큰 수는 어떤 것인지 설명해 보세요.

> ㉠ 94**5**678   ㉡ 86**5**200736   ㉢ 999**5**만   ㉣ 3억 2**5**0만   ㉤ 2828635**5**2497

큰 수는 이렇게 연결돼요

2-2
네 자리 수

4-1
큰 수

5-1
약수, 공약수,
최대공약수

5-1
배수, 공배수,
최소공배수

1 □ 안에 알맞은 수를 써넣으세요.

1만은
- 9000보다 □ 큰 수입니다.
- 9900보다 □ 큰 수입니다.
- 9990보다 □ 큰 수입니다.
- 9999보다 □ 큰 수입니다.

2 다음을 수로 나타내고 읽어 보세요.

(1) 만이 8269개인 수

쓰기 _____

읽기 _____

(2) 조가 4705개인 수

쓰기 _____

읽기 _____

3 수를 보기 와 같이 각 자리의 숫자가 나타내는 값의 합으로 나타내어 보세요.

보기
$$58312 = 50000 + 8000 + 300 + 10 + 2$$

91243 = _____

4 다음을 수로 나타내어 보세요.

(1) 1000만이 4개, 10만이 9개인 수

( )

(2) 1000억이 2개, 100억이 5개, 10억이 6개, 1억이 3개인 수

( )

5 밑줄 친 숫자 4는 얼마를 나타낼까요?

149203907

( )

6 천억의 자리 숫자가 다른 것을 찾아 기호를 써 보세요.

㉠ 83163283740000
㉡ 2192728294000
㉢ 421043023500323
㉣ 92184302390243

( )

7 규칙에 따라 빈칸에 알맞은 수를 써넣으세요.

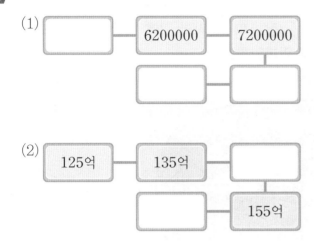

(1)
```
[      ] — 6200000 — 7200000
          [      ]    [      ]
```

(2)
```
125억 — 135억 — [      ]
        [      ] — 155억
```

8 3억 5200만에서 1000만씩 3번 뛰어 센 수는 얼마일까요?

(   )

9 0부터 9까지의 수 중에서 ☐ 안에 들어갈 수 있는 수를 모두 구해 보세요.

756932 > 75☐986

(   )

10 두 수의 크기를 비교하여 ○ 안에 >, <를 알맞게 써넣으세요.

(1) 24538239 ◯ 24558536

(2) 542636895 ◯ 84636895

(3) 728만 6539 ◯ 7302만 6923

(4) 345조 5693만 ◯ 342조 3949억

11 육백사십억 팔백만 삼천구십칠을 11자리 수로 쓸 때 0은 모두 몇 개인지 풀이 과정을 쓰고 답을 구해 보세요.

풀이

답 _____

12 주어진 수 카드를 모두 한 번씩 사용하여 만들 수 있는 8자리 수 중에서 십만의 자리 숫자가 6인 가장 작은 수는 얼마인지 풀이 과정을 쓰고 답을 구해 보세요.

| 0 | 1 | 2 | 3 | 4 | 5 | 6 | 7 |

풀이

답 _____

1 저금통에 50000원짜리 지폐 1장, 10000원짜리 지폐 2장, 1000원짜리 지폐 14장, 100원짜리 동전 5개가 들어 있습니다. 저금통에 들어 있는 돈은 모두 얼마일까요?

(   )

[2~3] 다음 수를 보고 물음에 답하세요.

| ㉠ 942813290 | ㉡ 63184720 | ㉢ 27483 | ㉣ 10834 | ㉤ 38709241755 |

2 숫자 8이 80000을 나타내는 수를 찾아 기호를 써 보세요.

(   )

3 숫자 4가 나타내는 값이 가장 큰 수를 찾아 기호를 써 보세요.

(   )

4 빛은 1초에 약 30만 km를 이동합니다. 빛이 150만 km를 이동했다면 약 몇 초 동안 이동했을까요?

(   )

5 바다와 하늘이가 기사를 읽고 나눈 대화입니다. 잘못 말한 사람의 이름을 쓰고, 그 이유를 설명해 보세요.

(   )

이유

6 지구를 포함한 8개의 행성은 태양을 중심으로 그 주위를 돕니다. 다음은 태양과 8개 행성 사이의 거리를 나타낸 표입니다. 태양에서 가장 멀리 떨어진 행성을 찾고, 태양과 그 행성 사이의 거리를 읽어 보세요.

행성	거리	행성	거리
수성	57900000 km	금성	108200000 km
목성	778300000 km	지구	1억 4960만 km
해왕성	44억 9700만 km	토성	1427000000 km
천왕성	29억 km	화성	2억 2800만 km

행성 (   )

읽기 _____

2 피사의 사탑은 얼마나 기울어졌나요?

각도

★ 길이는 자로 재고, 각도는 각도기로 잴 수 있어요.

★ 예리한 예각과 둔한 둔각을 알 수 있어요.

★ 삼각형의 세 각의 크기 합은 180°, 사각형의 네 각의 크기 합은 360°라는 것을 알아요.

☑ Check

스스로 다짐하기

☐ 정답을 맞히는 것도 중요하지만, 문제를 푼 과정을 설명하는 것도 중요해요.

☐ 새롭고 어려운 내용이 많지만, 꼼꼼하게 풀어 보세요.

☐ 스스로 과제를 해결하는 것이 힘들지만, 참고 이겨 내면 기분이 더 좋아져요.

꼬리에 꼬리를 무는 개념 ✦

2-1-2

평면도형
- 선분, 반직선, 직선 알아보기
- 각과 직각 이해하기
- 직각삼각형, 직사각형, 정사각형 이해하기

4-1-2

삼각형
- 직각삼각형, 예각삼각형, 둔각삼각형 분류하기

3-1-2

여러 가지 도형
- 원, 삼각형, 사각형 알아보기
- 꼭짓점, 변 알기
- 오각형, 육각형 알아보기

각도
- 각의 크기 비교 및 각도 알기
- 각도 재기 및 그리기
- 예각과 둔각 알기
- 각도를 어림하고 합과 차 구하기
- 삼각형 및 사각형의 각의 크기의 합 구하기

4-2-2

스스로 계획 짜기 ✏️

1일차	2일차	3일차	4일차	5일차
____월 ____일	____월 ____일	____월 ____일	____월 ____일	____월 ____일

6일차	7일차	8일차	9일차
____월 ____일	____월 ____일	____월 ____일	____월 ____일

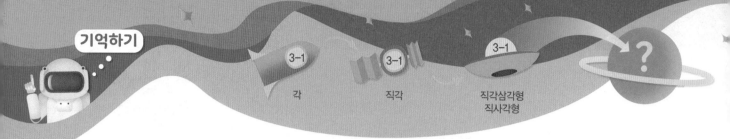

기억하기

기억 1 각

한 점에서 그은 두 반직선으로 이루어진 도형을 각이라고 합니다.

오른쪽 그림에서 각을 각 ㄱㄴㄷ 또는 각 ㄷㄴㄱ이라 하고,

이때 점 ㄴ을 각의 꼭짓점이라고 합니다.

반직선 ㄴㄱ과 반직선 ㄴㄷ을 각의 변이라 하고,

이 변을 변 ㄴㄱ과 변 ㄴㄷ이라고 합니다.

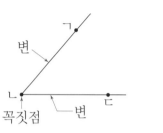

1 각 ㄷㄹㄴ을 그려 보세요.

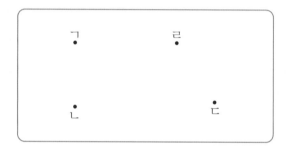

2 도형에 대해 잘못 설명한 것을 찾아 기호를 써 보세요.

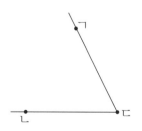

ⓒ 꼭짓점은 1개입니다.

ⓛ 각 ㄱㄴㄷ이라고 읽습니다.

ⓒ 변은 2개입니다.

ⓔ 꼭짓점은 점 ㄷ입니다.

(　　　　　　　)

그림과 같이 종이를 반듯하게 두 번 접었을 때 생기는 각을 직각이라고 합니다. 직각 ㄱㄴㄷ을 나타낼 때는 꼭짓점 ㄴ에 표시를 합니다.

한 각이 직각인 삼각형을 직각삼각형이라고 합니다.

네 각이 모두 직각인 사각형을 직사각형이라고 합니다.

3 그림과 같이 종이를 반듯하게 두 번 접었을 때 생기는 각을 무엇이라고 하나요?

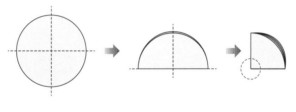

(   )

4 직각을 모두 찾아 표시를 해 보세요.

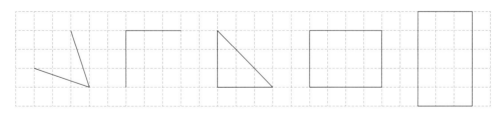

5 시계의 긴바늘과 짧은바늘이 이루는 작은 쪽의 각이 직각인 시각을 모두 찾아보세요.

(   )

① 1시   ② 3시   ③ 5시   ④ 6시   ⑤ 9시

부채의 각은 어떻게 잴까요?

 독일 항공의 개척자 오토 릴리엔탈은 1891년 세계 최초로 '사람이 탈 수 있는 글라이더'를 개발했어요.

(1) 위 그림에서 각을 찾아 읽어 보세요.

(2) 글라이더의 날개가 벌어진 정도를 알려면 무엇의 크기를 재야 할까요?

(3) 각 ㄱㄴㄷ(또는 각 ㄷㄴㄱ)의 크기는 어떻게 나타내면 좋을까요?

2 바다와 강이는 미술 시간에 부채를 만들었어요.

바다

강

(1) 누가 만든 부채의 각이 더 클 것이라고 생각하나요?

(   )

(2) 왜 그렇게 생각하나요?

(3) 각의 크기를 비교할 수 있는 방법은 어떤 것이 있을까요?

3 바다와 강이가 만든 부채의 각의 크기를 비교해 보려고 해요.

(1) 이웃하는 부챗살 사이의 각의 크기가 왼쪽 그림과 같을 때 바다와 강이가 만든 부채의 부챗살을 모두 그려 보세요.

(2) 누가 만든 부채의 벌어진 정도가 더 크다고 할 수 있을까요? 그렇게 생각한 이유를 설명해 보세요.

각도 재기

각의 크기를 각도라고 합니다.

직각을 똑같이 90으로 나눈 것 중 하나를 1도라 하고, 1°라고 씁니다.

 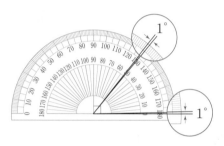

1 그림을 보고 각의 크기를 알아보세요.

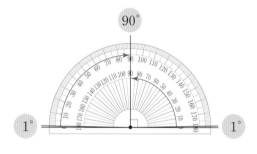

(1) 90°가 나타내는 의미는 무엇인가요?

(   )

(2) 1°는 90°를 얼마로 똑같이 나눈 것 중 하나를 의미하나요?

(   )

2 각도를 재어 보세요.

(1) 각의 크기를 재기 위해 각의 한 변을 각도기의 왼쪽 밑금에 맞추었습니다. 다른 한 변에 놓인 숫자 80과 100 중 어떤 숫자를 읽어야 하나요?

(   )

(2) 두 숫자 중 어떤 숫자를 읽어야 하는지 어떻게 알 수 있나요?

3 세 각의 크기를 비교해 보세요.

가  나 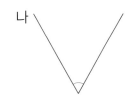 다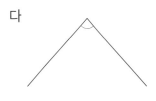

(1) 각의 크기가 가장 작은 것부터 순서대로 기호를 써 보세요.

(   )

(2) 왜 그렇게 생각했나요?

(3) 각의 크기를 비교하는 데 어려운 점이 있었나요? 있었다면 어떤 점이 어려웠나요?

(4) 각의 크기를 눈으로 비교하기 어려운 경우에는 어떻게 하면 될까요?

개념 정리 각도 재는 법

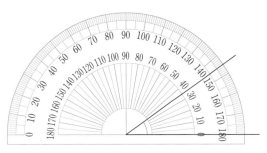

① 각도기의 중심과 각의 꼭짓점을 맞춥니다.

② 각도기의 밑금과 각의 한 변을 맞춥니다.

③ 각도기의 밑금과 각의 한 변이 만난 쪽의 눈금에서 시작하여 각의 나머지 변이 각도기의 눈금과 만나는 부분을 읽습니다.

직각 그리기

1 피구를 하기 위해 운동장에 그린 선이 직각을 이루었습니다. 직각을 그리는 방법을 알아보세요.

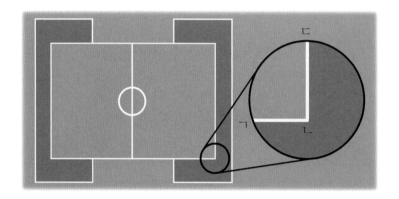

(1) 종이에 직각을 그리려면 어떤 도구가 필요한가요?

(2) 자를 이용하여 각의 한 변 ㄴㄷ을 아래의 점선 위에 그려 보세요.

(3) 각도기의 중심과 점 ㄴ을 맞추고, 각도기의 밑금과 각의 한 변인 ㄴㄷ을 맞춘 다음 각도기의 밑금에서 시작하여 각도가 90°가 되는 눈금에 점 ㄱ을 표시해 보세요.

(4) 각도기를 떼고, 자를 이용하여 반직선 ㄴㄱ을 그어 각도가 90°인 각 ㄱㄴㄷ을 완성해 보세요.

2 각도기와 자를 이용하여 주어진 각도의 각을 그려 보세요.

(1) 50°

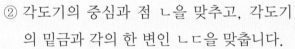

(2) 145°

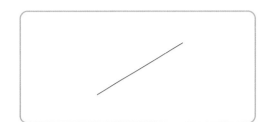

직각 그리는 방법

① 자를 이용하여 각의 한 변 ㄴㄷ을 그립니다.

⬇

② 각도기의 중심과 점 ㄴ을 맞추고, 각도기의 밑금과 각의 한 변인 ㄴㄷ을 맞춥니다.

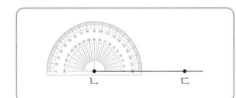

⬇

③ 각도기의 밑금에서 시작하여 각도가 90°가 되는 눈금에 점 ㄱ을 표시합니다.

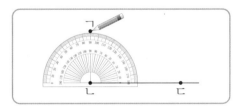

⬇

④ 각도기를 떼고, 자를 이용하여 변 ㄱㄴ을 그어 각도가 90°인 각 ㄱㄴㄷ을 완성합니다.

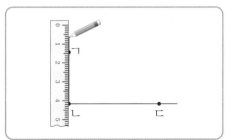

피사의 사탑은 얼마나 기울어졌을까요?

1 이탈리아 피사에 있는 피사의 사탑입니다. 피사의 사탑은 기울어진 탑으로 유명합니다. 1174년 처음 착공할 때는 수직이었으나, 13세기(1200년대) 들어 탑이 조금씩 기울어지기 시작했어요.

(1) 피사의 사탑의 각도를 어림해 보세요.

	가	나
어림한 각도	약	약

(2) 직각보다 작은 각과 직각보다 큰 각을 찾아 빈칸에 기호를 써 보세요.

0°보다 크고 직각보다 작은 각	직각보다 크고 180°보다 작은 각

(3) 각도기로 재어 확인해 보세요.

각	가	나
잰 각도		

사람의 눈으로 볼 수 있는 범위를 '시야'라고 합니다. 그림을 보고 물음에 답하세요.

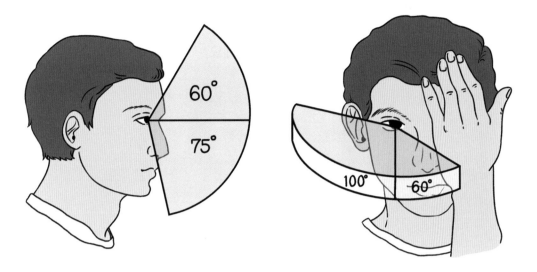

(1) 위 그림을 보고 떠오르는 생각을 써 보세요.

(2) 그림을 보고 빈칸에 알맞은 각도를 써넣으세요.

	위쪽 시야	아래쪽 시야	안쪽 시야	바깥쪽 시야
각도				

(3) 직각보다 작은 각과 직각보다 큰 각으로 분류해 보세요.

0°보다 크고 직각보다 작은 각	직각보다 크고 180°보다 작은 각

각의 종류

1 직각보다 작은 각과 직각보다 큰 각을 알아보세요.

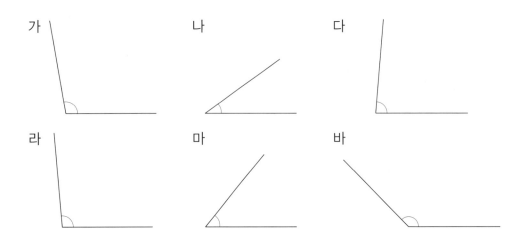

(1) 각도를 어림해 보세요.

	가	나	다	라	마	바
어림한 각도	약	약	약	약	약	약

(2) 직각보다 작은 각과 직각보다 큰 각을 찾아 빈칸에 알맞은 기호를 써넣으세요.

0°보다 크고 직각보다 작은 각	직각보다 크고 180°보다 작은 각

(3) 각도기로 재어 확인해 보세요.

	가	나	다	라	마	바
잰 각도						

예각과 둔각의 뜻

- 각도가 0°보다 크고 직각보다 작은 각을 예각이라고 합니다.
- 각도가 직각보다 크고 180°보다 작은 각을 둔각이라고 합니다.

2 주어진 각을 예각, 직각, 둔각으로 분류하여 빈칸에 알맞은 기호를 써넣으세요.

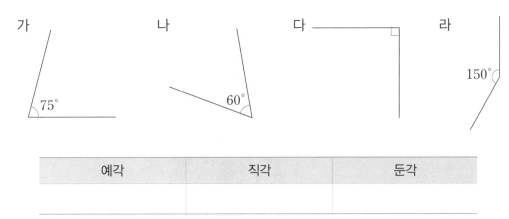

예각	직각	둔각

3 자와 각도기를 이용하여 주어진 각을 그려 보세요.

(1)

37°	145°

(2)

예각	둔각

두 부채를 이어 붙인 각은 어떻게 구할까요?

 바다는 부채춤을 연습하고 있습니다. 양손에 부채를 들고 부채를 이어 붙이기도 하고 겹치기도 하면서 아름다운 모양을 만들어요.

바다

(1) 두 부채를 이어 붙였을 때 두 각도의 합을 구하려면 어떻게 해야 하나요?

(2) 두 부채의 각도의 합을 구해 보세요.

( )

(3) 두 부채를 겹쳤을 때 두 각도의 차를 구하려면 어떻게 해야 하나요?

(4) 두 부채의 각도의 차를 구해 보세요.

( )

2 하늘이와 강이가 샌드위치를 만들기 위해 치즈를 사각형 모양으로 잘랐어요.

(1) 정사각형 ㄱㄴㄷㄹ의 네 각의 크기의 합을 구하고 어떻게 구했는지 설명해 보세요.

(2) 사각형 ㅁㅂㅅㅇ의 네 각의 크기의 합이 얼마일지 추측해 보세요.

(3) 하늘이가 정사각형 모양 치즈를 그림과 같이 잘랐습니다. 잘린 모양은 무엇인가요?

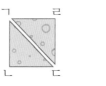

(   )

(4) (3)의 삼각형 ㄱㄴㄷ의 세 각의 크기의 합을 구하고 어떻게 구했는지 설명해 보세요.

각도의 합과 차

1 두 각도의 합을 어떻게 구하는지 알아보세요.

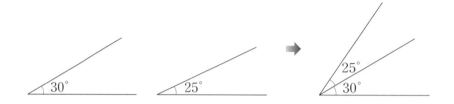

(1) 위 그림에서 두 각도의 합을 구하기 위해 어떻게 했나요?

(2) 두 각도의 합을 구해 보세요.

(   )

(3) 두 각도의 합을 각도기로 재어 확인해 보세요.

(4) 그림을 보고 각도기를 이용하지 않고 두 각도의 합을 구하는 방법을 설명해 보세요.

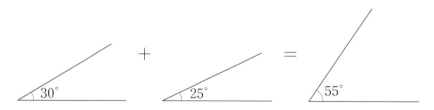

2 두 각도의 차를 어떻게 구하는지 알아보세요.

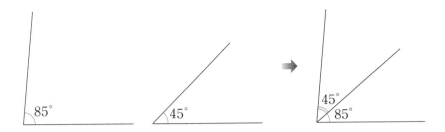

(1) 위 그림에서 두 각도의 차를 구하기 위해 어떻게 했나요?

(2) 두 각도의 차를 구해 보세요.

(   )

(3) 두 각도의 차를 각도기로 재어 확인해 보세요.

(4) 그림을 보고 각도기를 이용하지 않고 두 각도의 차를 구하는 방법을 설명해 보세요.

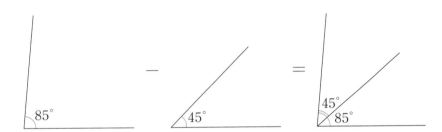

개념 정리 각도의 합과 차를 구하는 방법

• 두 각도의 합은 자연수의 덧셈 방법과 같습니다.

$30+45=75 \rightarrow 30°+45°=75°$

• 두 각도의 차는 자연수의 뺄셈 방법과 같습니다.

$120-90=30 \rightarrow 120°-90°=30°$

삼각형과 사각형의 각의 크기의 합

1 삼각형의 세 각의 크기의 합을 알아보세요.

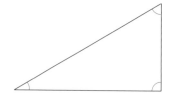

(1) 삼각형의 세 각의 크기의 합을 어림하여 구해 보세요.

(   )

(2) 삼각형의 세 각의 크기의 합을 각도기로 재어 구해 보세요.

(   )

2 그림을 보고 삼각형의 세 각의 크기의 합을 구하는 방법을 설명해 보세요.

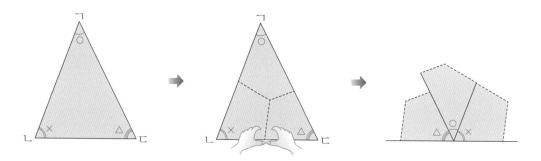

3 사각형의 네 각의 크기의 합을 알아보세요.

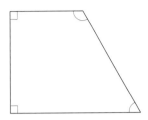

(1) 사각형의 네 각의 크기의 합을 각도기로 재어 구해 보세요.

(   )

(2) 삼각형의 세 각의 크기의 합을 이용하여 사각형의 네 각의 크기의 합을 구해 보세요.

(   )

4 그림을 보고 사각형의 네 각의 크기의 합을 구하는 방법을 설명해 보세요.

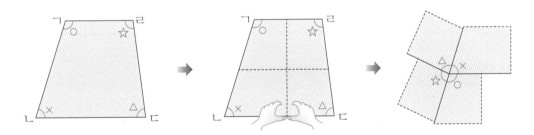

개념 정리   삼각형의 세 각의 크기의 합과 사각형의 네 각의 크기의 합

- 삼각형의 세 각의 크기의 합은 180°입니다.
- 사각형의 네 각의 크기의 합은 360°입니다.

각도

스스로 정리 | 물음에 답하세요.

1 1도의 뜻과 기호를 써 보세요.

2 예각과 둔각의 뜻을 써 보세요.

3 ☐ 안에 알맞은 수를 써넣으세요.

삼각형의 세 각의 크기의 합은 [　　　]이고, 사각형의 네 각의 크기의 합은 [　　　]입니다.

개념 연결 | 도형의 뜻을 쓰고 직각을 찾아 └ 표시를 해 보세요.

주제	뜻을 쓰고 직각 찾기
도형	직각삼각형의 뜻: 직사각형의 뜻:
직각 표시하기	

1 아래 각의 크기를 재고 친구에게 편지로 각도 재는 방법을 설명해 보세요.

2 직각을 그리고 친구에게 편지로 직각 그리는 방법을 설명해 보세요.

1 사각형의 한 각의 크기를 구하고 어떻게 구했는지 설명해 보세요.

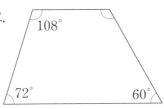

108°

72°   60°

2 시계의 시침과 분침이 이루는 두 각의 크기의 합과 차를 구하고 어떻게 구했는지 설명해 보세요.

각도는 이렇게 연결돼요

각과 직각
이해하기

각과 각도
삼각형과 사각형의
각의 크기의 합

여러 가지
삼각형

다각형

1 각도를 구해 보세요.

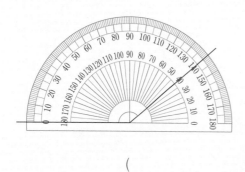

( )

2 각의 크기가 큰 것부터 순서대로 기호를 써 보세요.

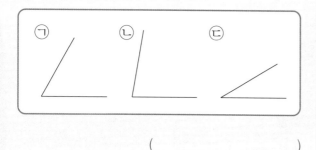

( )

3 각도가 70°인 각을 그리려고 합니다. 순서에 맞게 기호를 써 보세요.

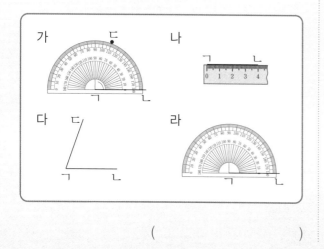

( )

4 다음 중 예각이 아닌 것을 찾아보세요.

( )

① 10°　　② 45°　　③ 60°

④ 87°　　⑤ 96°

5 두 각 중 더 작은 각을 찾아 ○표 해 보세요.

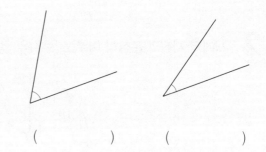

( )　　( )

6 다음 각을 예각, 직각, 둔각으로 분류해 보세요.

100°　20°　61°　94°　155°　90°

예각	직각	둔각

7 ☐ 안에 알맞은 각도를 써넣으세요.

(1) $\boxed{} + 42° = 90°$

(2) $180° - \boxed{} = 103°$

(3) $120° + 100° = \boxed{}$

8 두 각도의 차를 구해 보세요.

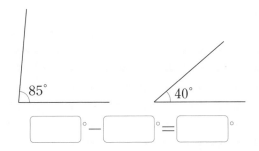

$\boxed{}° - \boxed{}° = \boxed{}°$

9 삼각형에서 ㉠과 ㉡의 합을 구해 보세요.

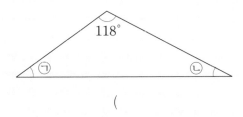

(   )

10 삼각형의 세 각의 크기의 합이 $180°$가 되는 이유를 2가지 방법으로 설명해 보세요.

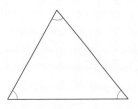

설명

11 ☐ 안에 알맞은 각도를 써넣고 그 이유를 설명 해 보세요.

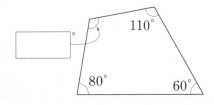

설명

12 사각형을 그림과 같이 2개의 삼각형으로 나누어 사각형의 네 각의 크기의 합을 구하려고 합니다. ☐ 안에 알맞은 수를 써넣으세요.

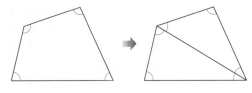

(사각형의 네 각의 크기의 합)

$= ($삼각형의 세 각의 크기의 합$) \times \boxed{}$

$= \boxed{} \times \boxed{} = \boxed{}$

1 하늘이는 각도기의 각도를 45°라고 읽었습니다. 하늘이가 각도를 바르게 읽었는지 잘못 읽었는지 설명해 보세요.

풀이

2 ㉠, ㉡의 각도를 읽어 보세요.

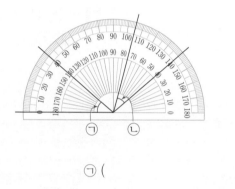

㉠ (   ), ㉡ (   )

3 하늘이의 설명이 맞는지 틀린지 살펴보고, 그 이유를 설명해 보세요.

변의 길이가 길수록 각의 크기도 커.

하늘

• 하늘이의 설명이 (맞습니다 , 틀립니다).

• 왜냐하면 _____

_____ 때문입니다.

4 산이는 동생과 함께 아침 9시 5분에 줄넘기를 시작하여 25분 후에 운동을 마쳤습니다. 운동을 끝마친 시각의 긴바늘과 짧은바늘이 이루는 작은 쪽의 각은 예각, 직각, 둔각 중 어느 것인지 풀이 과정을 쓰고 답을 구해 보세요.

풀이

(   )

5 바다는 친구들과 프로젝터로 영화를 보았습니다.
프로젝터에서 퍼지는 빛을 보고 두 각도의 합과
차를 구해 보세요.

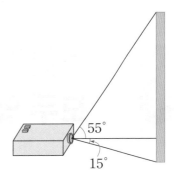

풀이

합 (   ), 차 (   )

6 산이와 하늘이 중 각도를 잘못 잰 사람은 누구인가요? 왜 그렇게 생각하나요?

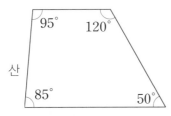

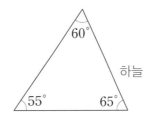

(   )

이유

7 ㉠과 ㉡의 각도의 합은 얼마인지 풀이 과정을
쓰고 답을 구해 보세요.

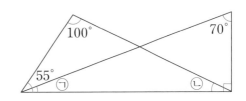

풀이

(   )

3 초콜릿 한 상자는 모두 몇 개일까요?

곱셈과 나눗셈

★ 한 자리 수만 곱하거나 나누었지만, 이제는 두 자리 수를 곱하거나 나눌 수 있어요.

★ 실생활에서 곱셈이나 나눗셈을 어떻게 사용하는지 알아요.

Check

스스로 다짐하기

☐ 정답을 맞히는 것도 중요하지만, 문제를 푼 과정을 설명하는 것도 중요해요.

☐ 새롭고 어려운 내용이 많지만, 꼼꼼하게 풀어 보세요.

☐ 스스로 과제를 해결하는 것이 힘들지만, 참고 이겨 내면 기분이 더 좋아져요.

꼬리에 꼬리를 무는 개념 ✦

나눗셈
- (몇십)÷(몇)
- (두 자리 수)÷(한 자리 수)
- (세 자리 수)÷(한 자리 수)

자연수의 혼합 계산
- 괄호가 없을 때, 덧셈, 뺄셈, 곱셈, 나눗셈의 혼합 계산
- 괄호가 있을 때, 덧셈, 뺄셈, 곱셈, 나눗셈의 혼합 계산

3-2-1

4-1-3

3-2-2

5-1-1

곱셈
- (세 자리 수)×(한 자리 수)
- (두 자리 수)×(두 자리 수)
- 곱셈의 활용

곱셈과 나눗셈
- (세 자리 수)×(두 자리 수)
- (두 자리 수)로 나누기

스스로 계획 짜기 ✏

1일차	2일차	3일차	4일차	5일차
____월 ____일	____월 ____일	____월 ____일	____월 ____일	____월 ____일

6일차	7일차	8일차
____월 ____일	____월 ____일	____월 ____일

3-1 (세 자리 수)×(한 자리 수)

3-1 (몇십몇)×(몇십몇)

3-2 (세 자리 수)÷(한 자리 수)

?

기억 1 (세 자리 수)×(한 자리 수)

```
      7  3  2
   ×        7
      1  4   ← 2×7
   2  1  0   ← 30×7
4  9  0  0   ← 700×7
5  1  2  4
```

1 계산해 보세요.

(1)
```
      5  4  3
   ×        6
```
☐ ← ☐
☐ ← ☐
☐ ← ☐
☐

(2)
```
      4  0  8
   ×        7
```
☐ ← ☐
☐ ← ☐
☐ ← ☐
☐

기억 2 (몇십몇)×(몇십몇)

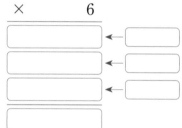 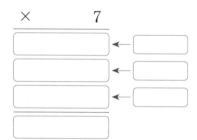

```
  5 3
× 2 9
```
➡
```
  2
  5 3
× 2 9
  4 7 7
```
➡
```
    5 3
  × 2 9
    4 7 7
1 0 6 0
```
➡
```
    5 3
  × 2 9
    4 7 7   ← 53×9
1 0 6 0   ← 53×20
1 5 3 7
```

2 계산해 보세요.

(1)
```
    2  6
 ×  3  8
```

(2)
```
    7  4
 ×  8  7
```

$$
\begin{array}{r}
3\,\overline{)\,2\ 8\ 9\,}
\end{array}
\quad\Rightarrow\quad
\begin{array}{r}
9 \\
3\,\overline{)\,2\ 8\ 9\,} \\
2\ 7 \\
\hline
1
\end{array}
\quad\Rightarrow\quad
\begin{array}{r}
9\ 6 \cdots 몫 \\
3\,\overline{)\,2\ 8\ 9\,} \\
2\ 7 \\
\hline
1\ 9 \\
1\ 8 \\
\hline
1 \cdots 나머지
\end{array}
$$

3 계산해 보세요.

(1)
$$3\,\overline{)\,6\ 2\ 7\,}$$

(2)
$$4\,\overline{)\,3\ 5\ 9\,}$$

$$16 \div 5 = 3 \cdots 1$$

$$5 \times 3 = 15 \implies 15 + 1 = 16$$

나누는 수와 몫의 곱에 나머지를 더하면 나누어지는 수가 되어야 합니다.

4 몫과 나머지를 바르게 구했는지 확인해 보세요.

(1) $58 \div 3$ → 몫: 19, 나머지: 2

확인

(2) $157 \div 7$ → 몫: 22, 나머지: 3

확인

초콜릿 한 상자 안에 있는 초콜릿 개수는 어떻게 구할까요?

 초콜릿 한 통에는 초콜릿이 256개 들어 있고, 한 상자 안에는 초콜릿 통이 20개 들어 있어요.

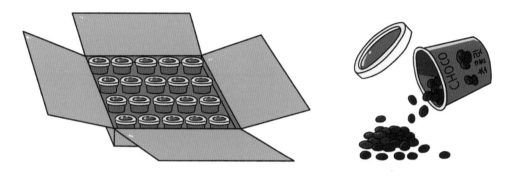

(1) 초콜릿 한 상자 안에는 초콜릿 ●이 몇 개쯤 들어 있을 것이라고 생각하나요?
초콜릿의 수를 다양한 방법으로 구해 보세요.

(2) 2통에 들어 있는 초콜릿의 수를 구하고, 이를 이용하여 한 상자에 들어 있는 초콜릿의
수를 구하는 방법을 설명해 보세요.

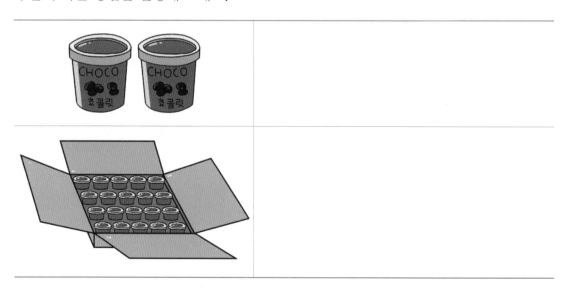

2 2013년 환경부 발표 자료에 따르면, 우리나라 사람 한 명은 1년 동안 종이컵을 약 240개 사용합니다. 이 자료를 보고 강이네 반 친구들은 몇 가지 상상을 해보았어요.

6 mm

74 mm

(1) 그림을 보고 종이컵 240개를 쌓은 높이를 계산하고 계산한 방법을 설명해 보세요.

(2) 강이네 반 학생 수는 27명입니다. 강이네 반 학생은 1년 동안 종이컵을 몇 개 사용하는지 다양한 방법으로 계산하고 계산한 방법을 설명해 보세요.

(세 자리 수)×(두 자리 수)

1 초콜릿 한 통에 초콜릿이 256개 들어 있습니다. 초콜릿 20통에는 초콜릿이 모두 몇 개 들어 있을까요? ☐ 안에 알맞은 수를 써넣으세요.

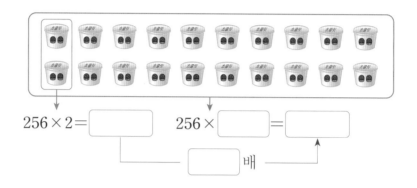

$256 \times 2 =$ ☐ $256 \times$ ☐ $=$ ☐

☐ 배

2 256×2와 256×20을 계산할 때 같은 점과 다른 점을 설명해 보세요.

3 초콜릿 한 통에 초콜릿이 256개 들어 있습니다. 초콜릿 24통에는 초콜릿이 모두 몇 개 들어 있을까요? ☐ 안에 알맞은 수를 써넣으세요.

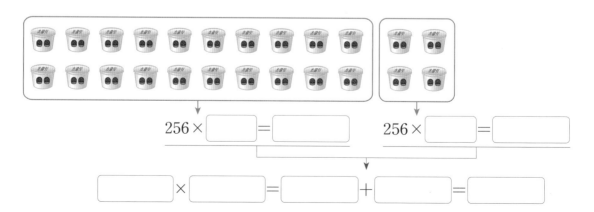

$256 \times$ ☐ $=$ ☐ $256 \times$ ☐ $=$ ☐

☐ $\times$ ☐ $=$ ☐ $+$ ☐ $=$ ☐

4 256×24를 세로로 계산하는 방법을 알아보세요.

(1) ⬇ 방향의 순서에 따라 ☐ 안에 알맞은 수를 써넣으세요.

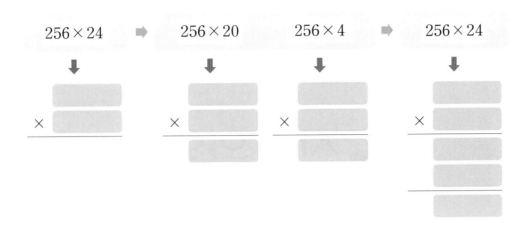

(2) 256×24를 256×20과 256×4로 나누어 계산하고 더해도 되는 이유를 써 보세요.

5 ☐ 안에 알맞은 수를 써넣고 계산 방법을 써 보세요.

```
      4 3 6
  ×     3 8
```

개념 정리 (세 자리 수)×(두 자리 수)의 계산 방법

(세 자리 수)×(두 자리 수)를 계산할 때, 두 자리 수를 몇십과 몇으로 나누어 곱합니다.
(세 자리 수)×(두 자리 수)는 (세 자리 수)×(몇십)과 (세 자리 수)×(몇)의 합으로 구합니다.

```
        5 7 3
    ×     6 7
      4 0 1 1  → (세 자리 수)×(몇) → 573×7=4011
    3 4 3 8    → (세 자리 수)×(몇십) → 573×60=34380
    3 8 3 9 1
```

사랑의 열매를 학급당 몇 개씩 나누어 줄 수 있나요?

1 '사랑의 열매'는 나와 가족을 사랑하는 마음으로 이웃에게 사랑을 전하며 함께 사는 사회를 만들어 가자는 의미로, 이웃을 위해 성금을 기부하는 사람에게 '사랑의 열매' 배지가 전달됩니다. '사랑의 열매' 배지를 산이네 학교 24개 학급에 나누어 주려고 해요.

(1) 한 학급에 10개씩 나누어 주려면 배지가 몇 개 필요할까요?

(   )

(2) 한 학급에 20개씩 또는 30개씩 나누어 주려면 배지가 몇 개 필요한지 알아보고, 어떻게 알 수 있는지 설명해 보세요.

(3) 배지 565개를 24개 학급에 나누어 주려고 할 때, 한 학급에 몇 개씩 주면 좋을지 쓰고, 그 이유를 설명해 보세요.

2 산이네 학교는 해외에 살고 있는 동포에게 책을 보내는 운동에 참여하기로 하고, 책을 모두 723권 모았습니다. 책을 묶는 방법에 따라 결과는 어떻게 달라지는지 알아보세요.

방법 1	20권씩 묶어요.
방법 2	25권씩 묶어요.
방법 3	15묶음이 되도록 묶어요.
방법 4	30묶음이 되도록 묶어요.

산

(1) 723권을 20권씩 묶으면 어떻게 되는지 설명해 보세요.

(2) 723권을 25권씩 묶으면 어떻게 되는지 설명해 보세요.

(3) 723권을 똑같은 권수로 15묶음이 되도록 묶으면 어떻게 되는지 설명해 보세요.

(4) 723권을 똑같은 권수로 30묶음이 되도록 묶으면 어떻게 되는지 설명해 보세요.

(5) 위의 계산에서 같은 점은 무엇이고 다른 점은 무엇인지 써 보세요.

몫이 한 자리 수인 나눗셈

1 빵 18개를 2개씩 포장하고, 사탕 180개를 20개씩 포장했습니다. 물음에 답하세요.

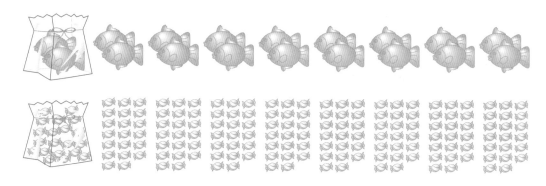

(1) 포장한 빵과 사탕의 봉지 수를 구하는 식을 써 보세요.

(2) 나눗셈식에 맞게 수 모형을 묶고 □ 안에 알맞은 수를 써넣으세요.

$18 \div 2$

$180 \div 20$

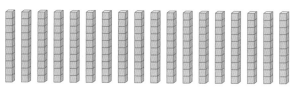

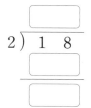

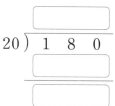

(3) $18 \div 2$와 $180 \div 20$을 계산할 때 같은 점과 다른 점을 설명해 보세요.

2 사탕을 한 봉지에 36개씩 넣어 포장하려고 합니다. 그림을 보고 물음에 답하세요.

(1) 사탕을 한 봉지에 36개씩 5봉지에 넣으면 포장한 사탕은 몇 개인가요?

(   )

(2) 사탕을 한 봉지에 36개씩 10봉지에 넣으려면 사탕이 몇 개 필요할까요?

(   )

(3) 사탕 292개를 한 봉지에 36개씩 넣으면 사탕은 몇 봉지가 되는지 구하고, 그렇게 생각한 이유를 써 보세요.

(4) ☐ 안에 알맞은 수를 써넣으세요.

$$36 \overline{)\ 2\ 9\ 2}$$

개념 정리   몫이 한 자리 수인 나눗셈

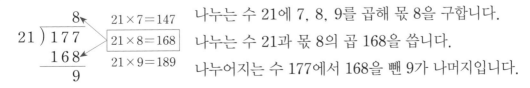

$$21 \overline{)\,177} \quad \begin{array}{l} 8 \\ 168 \\ \hline 9 \end{array}$$

$21 \times 7 = 147$

$21 \times 8 = 168$

$21 \times 9 = 189$

나누는 수 21에 7, 8, 9를 곱해 몫 8을 구합니다.

나누는 수 21과 몫 8의 곱 168을 씁니다.

나누어지는 수 177에서 168을 뺀 9가 나머지입니다.

몫이 두 자리 수인 나눗셈

1 사탕 685개를 한 봉지에 27개씩 넣어 포장하려 합니다. 그림을 보고 물음에 답하세요.

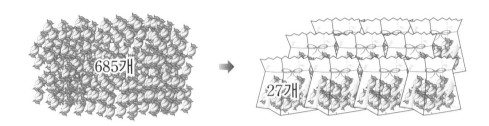

(1) 사탕을 한 봉지에 27개씩 10봉지에 넣으면 포장한 사탕은 몇 개인가요?

(   )

(2) 사탕을 한 봉지에 27개씩 20봉지에 넣으면 포장한 사탕은 몇 개인가요?

(   )

(3) 사탕 685개를 한 봉지에 27개씩 넣으면 사탕은 몇 봉지가 되는지 구하고, 그렇게 생각한 이유를 써 보세요.

(4) ☐ 안에 알맞은 수를 써넣으세요.

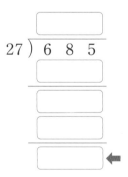

(5) (4)에서 ◀ 부분의 수가 무엇을 뜻하는지 쓰고, 몫과 나머지를 이용하여 계산이 맞는지 확인해 보세요.

2 사탕 892개를 한 봉지에 26개씩 넣으면 사탕은 몇 봉지가 되는지 알아보려고 합니다. 계산 과정을 살펴보세요.

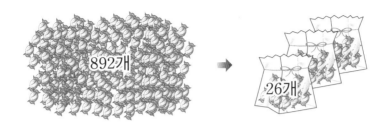

(1) 892÷26의 계산 과정에서 화살표로 표시한 수가 무엇을 나타내는지 써 보세요.

$$
\begin{array}{r}
34 \leftarrow \quad \rule{12cm}{0pt} \\
26\,\overline{)892} \\
78 \leftarrow \quad \rule{12cm}{0pt} \\
\hline
112 \leftarrow \quad \rule{12cm}{0pt} \\
104 \leftarrow \quad \rule{12cm}{0pt} \\
\hline
8 \leftarrow \quad \rule{12cm}{0pt}
\end{array}
$$

(2) 892÷26의 몫과 나머지를 이용하여 봉지의 수, 봉지에 넣은 사탕의 수, 봉지에 넣지 못한 사탕의 수를 구하고 맞는지 확인해 보세요.

3 계산해 보세요.

(1) 639÷52   (2) 37$)\overline{888}$ (3) 16$)\overline{700}$

개념 정리 몫이 두 자리 수인 나눗셈

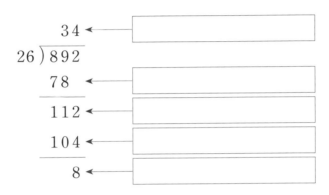

$$
\begin{array}{r}
21 \leftarrow \\
36\,\overline{)775} \\
72 \\
\hline
55 \leftarrow \\
36 \\
\hline
19 \leftarrow
\end{array}
$$

775는 36×10인 360보다 크기 때문에 몫이 두 자리 수가 됩니다.

775−720=55입니다. 55는 36보다 커서 몫이 늘어납니다.

나머지입니다. 나누는 수 36보다 작습니다.

곱셈과 나눗셈

스스로 정리 물음에 답하세요.

1 487×24

(1) 가로로 계산하는 방법

(2) 세로로 계산하는 방법

2 $956 \div 23$

(1) 세로로 계산하는 방법

(2) 계산한 결과가 맞는지 확인하기

개념 연결 곱셈을 하고 알맞은 식을 써 보세요.

주제	계산하기 또는 식 쓰기
곱셈	234×3을 다양한 방법으로 계산해 보세요.
곱셈과 나눗셈의 관계	(1) $\square \times \triangle = \diamondsuit$를 나눗셈식으로 써 보세요. (2) $\blacksquare \div \heartsuit = \blacklozenge$를 곱셈식으로 써 보세요.

1 603×57을 계산하고 계산 과정을 친구에게 편지로 설명해 보세요.

2 $908 \div 21$을 계산하고 계산 과정을 친구에게 편지로 설명해 보세요.

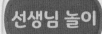

1 우리 아파트 462가구는 플러그를 뽑는 방법으로 전기 절약 운동에 참여하고 있습니다. 이 방법으로 한 가구에서 하루에 절약하는 전기 요금이 27원이라고 할 때 우리 아파트 전체가 하루에 절약하는 전기 요금은 모두 얼마인지 구하고 어떻게 구했는지 설명해 보세요.

2 4학년 학생 318명이 산으로 소풍을 갔습니다. 모든 학생이 20인승 케이블카를 타고 전망대로 올라가려면 케이블카는 적어도 몇 대 필요한지 구하고 어떻게 구했는지 설명해 보세요.

곱셈과 나눗셈은
이렇게 연결돼요

3-2
곱셈

3-2
나눗셈

4-1
곱셈과 나눗셈

5-1
자연수의
혼합 계산

1 □ 안에 알맞은 수를 써넣으세요.

(1) $54 \times 8 = 432$

$\Rightarrow 540 \times 8 = \boxed{}$

$ 540 \times 80 = \boxed{}$

(2) $24 \div 6 = 4$

$\Rightarrow 240 \div 6 = \boxed{}$

$ 240 \div 60 = \boxed{}$

(3) $320 \times 4 = \boxed{}$

$\Rightarrow 320 \times 40 = \boxed{}$

(4) $320 \div 4 = \boxed{}$

$\Rightarrow 320 \div 40 = \boxed{}$

2 계산해 보세요.

(1)
$$\begin{array}{r} 4\ 6\ 4 \\ \times \quad 4\ 8 \\ \hline \end{array}$$

(2)
$$35 \overline{)\ 3\ 0\ 0}$$

(3) 128×16

(4) $627 \div 27$

3 계산이 <u>잘못된</u> 부분을 찾아 바르게 계산해 보세요.

(1)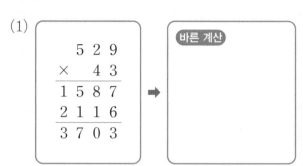

(2)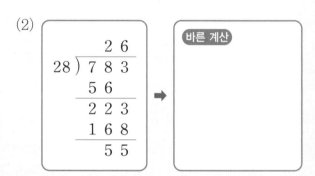

4 곱이 큰 것부터 차례로 기호를 써 보세요.

㉠ 257×24	㉡ 321×28
㉢ 283×30	㉣ 429×18

(   )

5 □ 안에 들어갈 수 있는 자연수를 모두 구해 보세요.

(1) $9000 < 324 \times \square < 10000$

(   )

(2) $500 \div 20 < \square < 600 \div 20$

(   )

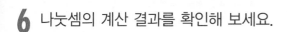

6 나눗셈의 계산 결과를 확인해 보세요.

(1) $720 \div 80 = 90$

확인 _____

_____

(2) $337 \div 19 = 17 \cdots 14$

확인 _____

_____

(3) $625 \div 37 = 15 \cdots 70$

확인 _____

_____

7 □ 안에 알맞은 수를 써넣으세요.

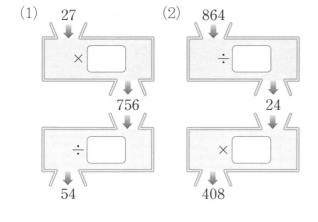

8 우리나라 사람 한 명이 1년 동안 사용하는 종이의 양은 약 153 kg이라고 합니다. 우리 반 학생 28명이 1년 동안 사용하는 종이의 양은 몇 kg일까요?

(   )

9 미술 재료로 사용하기 위해 철사 5 m를 45 cm씩 잘라 학생들에게 나누어 주려고 합니다. 몇 명에게 나누어 줄 수 있나요?

(   )

10 소리는 1분에 약 20 km를 갑니다. 소리와 같은 속도로 나는 비행기와 시속 60 km로 달리는 자동차가 경주를 시작해요.

(1) 비행기가 1시간 동안 가는 거리는 약 몇 km일까요?

(   )

(2) 비행기는 자동차보다 약 몇 배 더 빠를까요?

(   )

1 조건 에 맞는 두 수를 구해 보세요.

> 조건
>
> 큰 수를 작은 수로 나누었더니 몫이 16이고 나머지는 0입니다.

(1) 작은 수가 1일 때, 두 수의 곱을 구해 보세요.

(2) 작은 수가 10일 때, 두 수의 곱을 구해 보세요.

(3) 작은 수가 20일 때, 두 수의 곱을 구해 보세요.

(4) 두 수의 곱이 3600일 때 큰 수와 작은 수를 구해 보세요.

2 다음 중 <u>잘못된</u> 내용을 찾아 기호를 쓰고 잘못된 부분을 바르게 고쳐 보세요

> 가. 타자를 1분에 235타 치는 학생은 20분 동안 4700타를 칠 수 있습니다.
>
> 나. 클립 500개를 학생 24명에게 나누어 주었더니 학생 한 명에게 20개씩 주고 20개가 남았습니다.
>
> 다. 800개짜리 블록 한 상자를 구입해 학생 16명에 45개씩 나누어 주었더니 80개가 남았습니다.
>
> 라. 씨앗 450개를 친구들에게 30개씩 나누어 주고 5개씩 더 주었더니 30개가 남았습니다. 씨앗을 받은 친구는 10명이었습니다.

기호 _____   바르게 고친 문장 _____

3 □ 안에 알맞은 수를 써넣으세요.

(1)
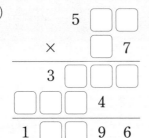

(2)
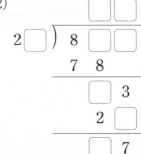

4 한 세트에 25장씩 들어 있는 색상지를 125세트 구입하여 22학급에 똑같이 나누어 주려고 합니다. 한 학급에 나누어 줄 수 있는 색상지는 몇 장일까요?

(   )

> 풀이

5 하늘이는 건강 관리를 위해 어느 해 1월 1일부터 줄넘기를 시작했습니다. 하루에 100회씩, 20일이 지날 때마다 횟수를 10회씩 늘렸다면 다음 해 1월 1일 하늘이는 줄넘기를 하루 몇 회 하고 있을까요?

(   )

> 풀이

6 산이는 책 한 권을 읽는 데 책에 따라 5시간에서 15시간이 걸립니다. 365일 동안 매일 2시간씩 규칙적으로 책을 읽는다면, 최소 몇 권에서 최대 몇 권을 읽게 될까요?

(   )

> 풀이

4 도형을 움직여 볼까요?

평면도형의 이동

★ 짝이 수학 교과서를 옆으로 살짝 밀어 주었어요.

★ 교과서를 뒤집었더니 내 이름이 나왔어요.

★ 이름이 거꾸로 있어서 교과서를 돌려놓았어요.

★ 나도 도형을 이용해서 움직이면 벽지처럼 무늬를 꾸밀 수 있어요.

☑ Check

**스스로
다짐하기**

☐ 정답을 맞히는 것도 중요하지만, 문제를 푼 과정을 설명하는 것도 중요해요.

☐ 새롭고 어려운 내용이 많지만, 꼼꼼하게 풀어 보세요.

☐ 스스로 과제를 해결하는 것이 힘들지만, 참고 이겨 내면 기분이 더 좋아져요.

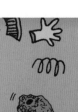

꼬리에 꼬리를 무는 개념 ✦

3-1-2

각도
- 각의 크기 비교 및 각도 알기
- 각도 재기 및 그리기
- 예각과 둔각 알기

4-1-4

사각형
- 수직, 수선 알고 수선 긋기
- 평행과 평행선 알기
- 평행선 긋기와 평행선 사이의 거리 알기
- 사다리꼴, 평행사변형, 마름모, 직사각형, 정사각형 알기

4-1-2

평면도형
- 각과 직각 이해하기
- 직각삼각형, 직사각형 이해하기

평면도형의 이동
- 평면도형의 밀기, 뒤집기, 돌리기
- 평면도형 뒤집고 돌리기
- 규칙적인 무늬 만들기

4-2-4

스스로 계획 짜기 ✏

1일차	2일차	3일차	4일차	5일차
____월 ____일	____월 ____일	____월 ____일	____월 ____일	____월 ____일

6일차	7일차	8일차	9일차
____월 ____일	____월 ____일	____월 ____일	____월 ____일

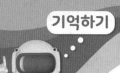

기억하기

기억 1 직각삼각형, 직사각형, 정사각형 알아보기

한 각이 직각인 삼각형을 직각삼각형이라고 합니다.

네 각이 모두 직각인 사각형을 직사각형이라고 합니다.

네 각이 모두 직각이고 네 변의 길이가 모두 같은 사각형을 정사각형이라고 합니다.

1 도형의 이름을 써 보세요.

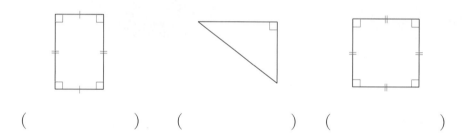

(　　　　　) 　 (　　　　　) 　 (　　　　　)

2 도형을 보고 똑같은 모양을 그려 보세요.

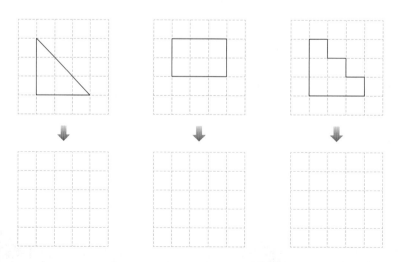

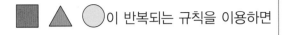 이 반복되는 규칙을 이용하면

과 같은 모양을 만들 수 있습니다.

3 규칙을 찾아 알맞게 색칠해 보세요.

기억 3 각과 직각 이해하기

종이를 반듯하게 두 번 접었다 펼쳤을 때 생기는 각을 직각이라고 합니다. 직각 ㄱㄴㄷ을 나타낼 때

는 꼭짓점 ㄴ에 └ 표시를 합니다. 직각의 크기는 90°입니다.

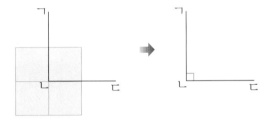 

4 직각을 찾아 └ 표시를 하고 직각의 수를 세어 보세요.

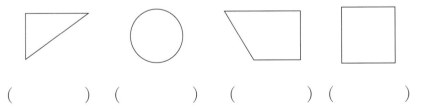

(   ) (   ) (   ) (   )

5 자와 각도기를 이용하여 주어진 각도의 각을 그려 보세요.

90°   135°   45°

도형을 움직여 볼까요?

1 강이, 산이, 하늘이가 도형 을 여러 가지 방법으로 놓았어요.

(1) 강이는 도형 을 다음과 같이 놓았습니다. 강이가 도형 을 움직인 방법을 설명해 보세요.

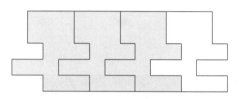

(2) 산이는 도형 을 다음과 같이 놓았습니다. 산이가 도형 을 움직인 방법을 설명해 보세요.

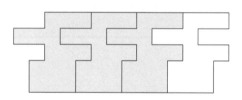

(3) 하늘이는 도형 을 다음과 같이 놓았습니다. 하늘이가 도형 을 움직인 방법을 설명해 보세요.

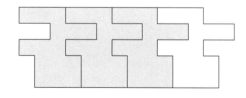

2 강이와 바다는 도형 으로 도형 움직이기 놀이를 하고 있어요.

바다야! 을 움직여서 같은 모양이 나오게 할 수도 있어.

강

을 위나 아래로 밀어서 움직이면  모양이 나오지. 오른쪽이나 왼쪽으로 밀어서 움직여도  모양이 나와.

바다

밀어서 옮기는 방법 말고 앞에서 산이와 하늘이가 도형을 움직여 놓은 방법을 이용하면 돼.

강

또 다른 방법이 있는지 찾아보자.

바다

(1) 도형 을 움직여서 같은 모양이 나오는 다른 방법을 찾아 설명해 보세요.

(2) 또 다른 방법을 찾아 설명해 보세요.

3 강이, 산이, 하늘이가 문제 **1**에서 움직인 방법으로 도형을 놓았을 때, 각각의 방법에서 처음의 모양과 움직인 도형의 모양을 비교하여 설명해 보세요.

평면도형 밀기

1 도형 을 여러 방향으로 밀었어요.

(1) 도형 을 오른쪽, 왼쪽으로 밀었을 때의 모양을 그려 보세요.

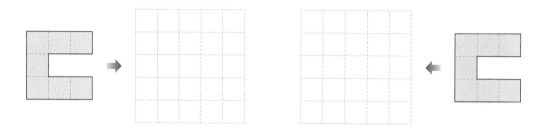

(2) 도형 을 위쪽, 아래쪽으로 밀었을 때의 모양을 그려 보세요.

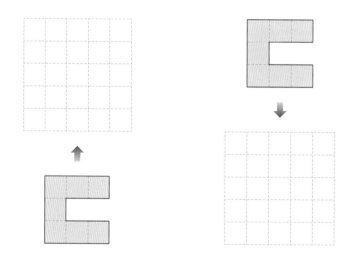

(3) 도형 을 오른쪽, 왼쪽, 위쪽, 아래쪽으로 밀어 보고 알게 된 점을 써 보세요.

2 도형  을 화살표 방향으로 6 cm만큼 밀려고 합니다. 물음에 답하세요.

(1) 도형 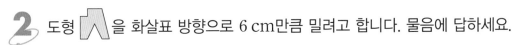 을 화살표 방향으로 6 cm만큼 밀었을 때의 모양을 그리려면 어떻게 해야 하는지 설명해 보세요.

(2) 도형 을 화살표 방향으로 각각 6 cm 밀었을 때의 모양을 그려 보세요.

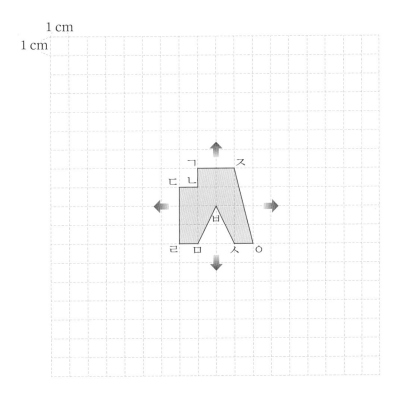

개념 정리 도형 밀기

도형을 어느 방향으로 밀어도 도형의
모양과 크기는 변하지 않습니다.

평면도형 뒤집기

1 도형 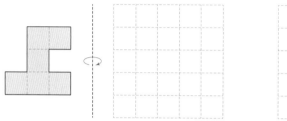을 여러 방향으로 뒤집으려고 합니다. 물음에 답하세요.

(1) 도형 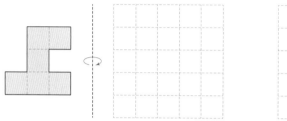을 오른쪽, 왼쪽으로 뒤집었을 때의 모양을 그려 보세요.

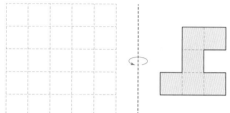

(2) 도형 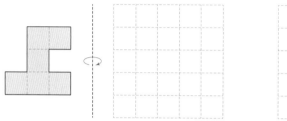을 위쪽, 아래쪽으로 뒤집었을 때의 모양을 그려 보세요.

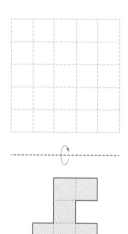

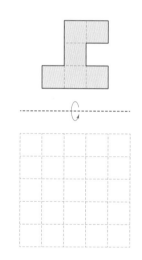

(3) 도형 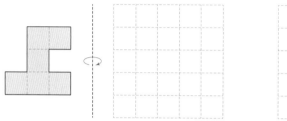을 오른쪽, 왼쪽, 위쪽, 아래쪽으로 뒤집어 보고 알게 된 점을 써 보세요.

2 도형 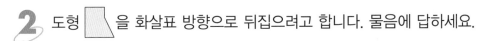 을 화살표 방향으로 뒤집으려고 합니다. 물음에 답하세요.

(1) 도형 을 화살표 방향으로 뒤집었을 때의 모양을 그리려면 어떻게 해야 하는지 설명
해 보세요.

(2) 도형 을 화살표 방향으로 뒤집었을 때의 모양을 그려 보세요.

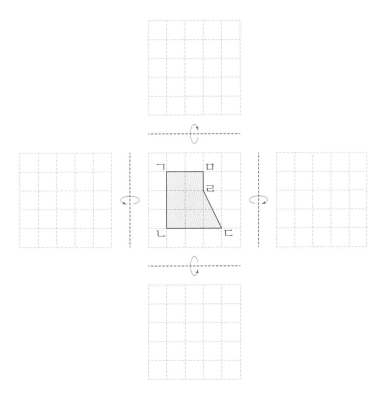

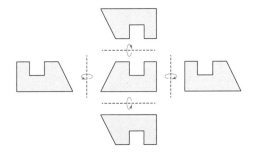

평면도형 돌리기

1 도형 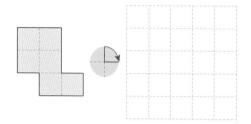을 여러 방향으로 돌리려고 합니다. 물음에 답하세요.

(1) 도형 을 시계 방향과 시계 반대 방향으로 90°만큼 돌렸을 때의 모양을 그려 보세요.

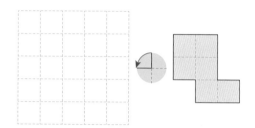

(2) 도형 을 시계 방향과 시계 반대 방향으로 180°만큼 돌렸을 때의 모양을 그려 보세요.

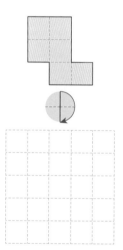

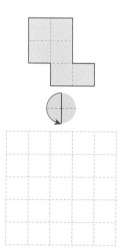

(3) 도형 을 시계 방향과 시계 반대 방향으로 90°, 180°만큼 돌려 보고 알게 된 점을 써 보세요.

2 도형 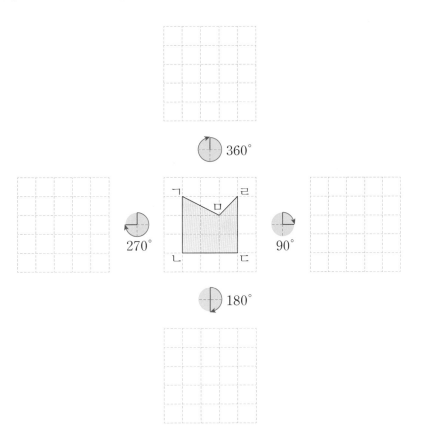을 시계 방향으로 90°, 180°, 270°, 360°만큼 돌렸을 때의 모양을 그리고 모양과 위치가 어떻게 변했는지 설명해 보세요.

 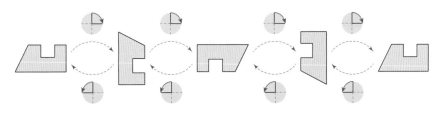

여러 가지 방법으로 움직이면 어떻게 변할까요?

1 강이와 산이가 움직인 도형을 보고 움직인 방법을 설명하려고 합니다. 물음에 답하세요.

(1) 강이가 도형 을 움직여 오른쪽과 같이 되었습니다. 강이가 도형 을 어떻게 움직인 것인지 서로 다른 2가지 방법으로 설명해 보세요.

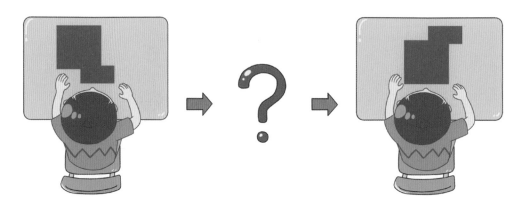

(2) 산이가 도형 을 움직여 오른쪽과 같이 되었습니다. 산이가 도형 을 어떻게 움직인 것인지 서로 다른 2가지 방법으로 설명해 보세요.

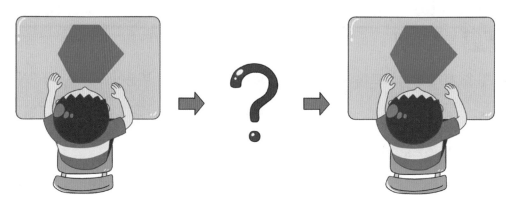

2 모양 조각을 채워 정사각형을 완성하려고 해요.

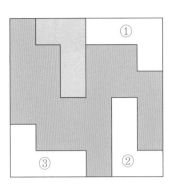

(1) ①에 넣을 모양을 그리고,  모양 조각을 어떻게 움직인 것인지 설명해 보세요.

(2) ②에 넣을 모양을 그리고, 모양 조각을 어떻게 움직인 것인지 설명해 보세요.

(3) ③에 넣을 모양을 그리고, 모양 조각을 어떻게 움직인 것인지 설명해 보세요.

평면도형 뒤집고 돌리기

1 하늘이와 바다가 도형 놀이를 합니다. 물음에 답하세요.

(1) 하늘이는 도형을 어떻게 움직인 것인지 설명해 보세요.

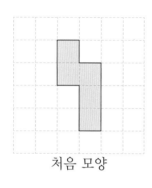 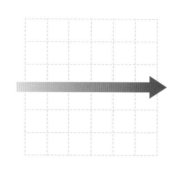 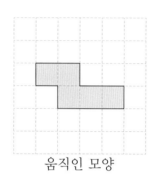

처음 모양   움직인 모양

(2) 바다는 하늘이와 다른 방법으로 도형을 움직였습니다. 어떻게 움직인 것인지 설명해 보세요.

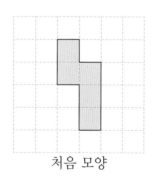 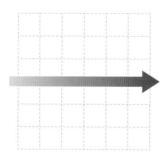 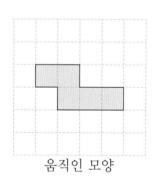

처음 모양   움직인 모양

(3) 처음 모양을 움직인 모양으로 바꾸는 또 다른 방법이 있나요? 있다면 어떤 방법인지 설명해 보세요.

2 나만의 방법으로 도형을 뒤집고 돌렸을 때의 모양을 알아보세요.

(1) 도형을 어떻게 움직일지 생각해 보고 선택한 방법에 ○표 해 보세요.

> 처음 도형을 (위쪽, 아래쪽, 왼쪽, 오른쪽)으로 뒤집고,
>
> 시계 방향으로 (90°, 180°, 270°, 360°)만큼 돌렸을 때의 도형을 그려 봅니다.

(2) (1)에서 선택한 방법으로 뒤집고 돌렸을 때의 모양을 그려 보세요.

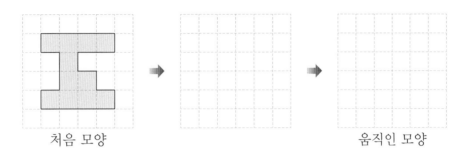

처음 모양 　　　　　　　　　　　　　　　　움직인 모양

(3) (2)의 처음 모양을 움직여 다음과 같은 모양을 만들었다면, 어떻게 움직인 것인지 말해
　　보세요.

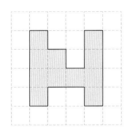

(4) 도형을 뒤집고 돌렸을 때 모양과 위치가 어떻게 변했는지 설명해 보세요.

개념 정리 뒤집고 돌리기

도형을 오른쪽, 왼쪽, 아래쪽, 위쪽으로 뒤집고, 뒤집은 도형을 다시 ⟳ 또는 ⟲ 로
돌리면 여러 가지 모양이 나옵니다.

밀기, 돌리기, 뒤집기를 이용하여 무늬 꾸미기

1 강이는 모양을 이용하여 무늬를 만들었습니다. 어떤 방법을 이용했는지 알아보세요.

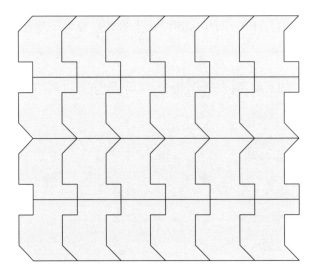

(1) → 방향의 무늬는 모양을 어떻게 움직여 만든 것인지 설명해 보세요.

(2) ↓ 방향의 무늬는 모양을 어떻게 움직여 만든 것인지 설명해 보세요.

(3) 모양을 이용하여 만든 무늬의 규칙을 설명해 보세요.

2  모양을 이용하여 무늬를 만들었습니다. 물음에 답하세요.

(1)  모양을 이용하여 만든 무늬의 규칙을 설명해 보세요.

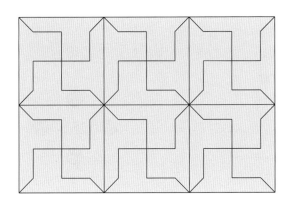

(2) 규칙을 찾아 무늬를 만들어 보세요.

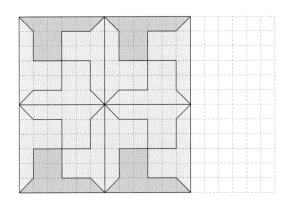

(3) (2)에서 어떤 방법을 이용하여 무늬를 만든 것인지 설명해 보세요.

개념 정리 도형의 이동을 이용하여 무늬 만들기

도형의 밀기, 뒤집기, 돌리기를 이용하여 규칙적인 무늬를 만들 수 있습니다.

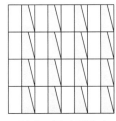

밀기로 무늬 만들기

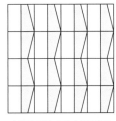

뒤집기로 무늬 만들기

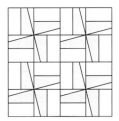

돌리기로 무늬 만들기

개념 정리 평면도형을 움직이는 방법을 정리해 보세요.

1

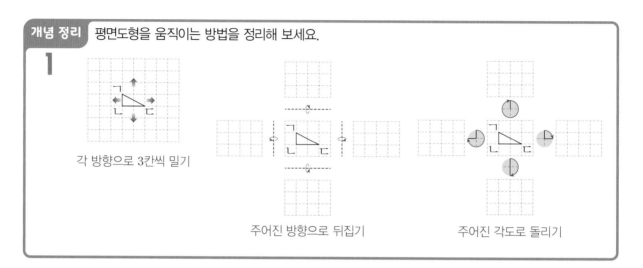

각 방향으로 3칸씩 밀기   주어진 방향으로 뒤집기   주어진 각도로 돌리기

개념 연결 평면도형의 이름을 쓰고 주어진 각도의 각을 그려 보세요.

주제	평면도형의 이름 쓰고, 주어진 각 그리기
평면도형 이름 쓰기	(　　　　) (　　　　) (　　　　) (　　　　)
각 그리기	(1) $45°$ (2) $90°$ (3) $180°$

1 주어진 모양으로 밀기, 뒤집기, 돌리기를 모두 사용하여 규칙적인 무늬를 만들고 그 과정을 친구에게 편지로 설명해 보세요.

선생님 놀이

1 평면도형을 주어진 순서대로 움직인 모양을 그리고 그 방법을 설명해 보세요.

> ① 아래쪽으로 뒤집기   ② 시계 방향으로 90° 돌리기   ③ 오른쪽으로 한 칸 밀기

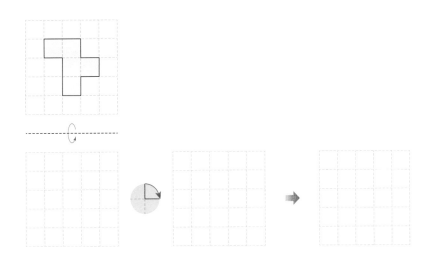

2 오른쪽 도형을 각각 ①, ②의 순서대로 움직인 모양이 같은지 다른지를 그림을 그려 확인하고 그 결과를 설명해 보세요.

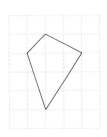

> ① 시계 방향으로 90° 돌리기 → 오른쪽으로 뒤집기
> ② 오른쪽으로 뒤집기 → 시계 방향으로 90° 돌리기

평면도형의 이동은
이렇게 연결돼요 👣

3-1
평면도형

4-1
평면도형의
이동

4-2
사각형

5-2
합동과 대칭

1 도형을 움직인 모양을 보고 ☐ 안에 알맞은 수나 말을 써 보세요.

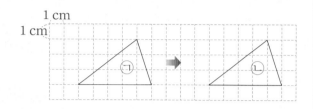

㉠ 도형을 [   ]쪽으로 [   ] cm 밀면 ㉡ 도형이 됩니다.

2 도형을 왼쪽으로 5 cm 밀었을 때의 모양을 그려 보세요.

3 도형 뒤집기에 대한 설명입니다. ☐ 안에 알맞은 말을 써넣으세요.

(1) 도형을 [   ]쪽으로 뒤집으면 도형의 위쪽과 아래쪽의 모양이 바뀝니다.

(2) 도형을 [   ]쪽으로 뒤집으면 도형의 왼쪽과 오른쪽의 모양이 바뀝니다.

4 주어진 도형을 위쪽과 오른쪽으로 뒤집었을 때의 모양을 각각 그려 보세요.

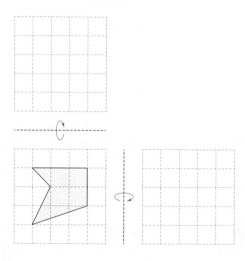

5 도형을 움직인 모양을 보고 ☐ 안에 알맞은 수나 말을 써 보세요.

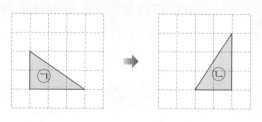

㉠ 도형을 [   ]방향으로 [   ] 돌리면 ㉡ 도형이 됩니다.

6 주어진 도형을 시계 방향으로 주어진 각도만큼 돌렸을 때의 모양을 그려 보세요.

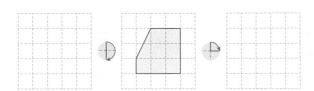

7 주어진 도형을 시계 방향으로 90°만큼 돌리고 왼쪽으로 뒤집었을 때의 모양을 그려 보세요.

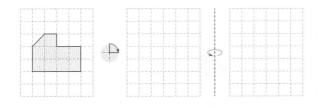

8 왼쪽 모양을 이용하여 오른쪽과 같은 규칙적인 무늬를 만들었습니다. 어떻게 움직여서 만든 것인지 설명해 보세요.

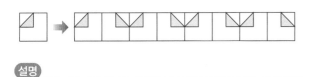

설명 _____

_____

_____

9 규칙적인 무늬를 만들었습니다. 무늬가 만들어진 규칙을 설명하는 글을 완성해 보세요.

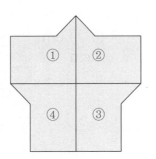

①번 도형을 (   )쪽으로 뒤집으면 ②번 도형이 됩니다.
②번 도형을 시계 방향으로 (   )° 돌리면 ③번 도형이 됩니다.
③번 도형을 왼쪽으로 (   )를 하면 ④번 도형이 됩니다.
①번 도형을 시계 반대 방향으로 (   )° 돌리면 ④번 도형이 됩니다.

10 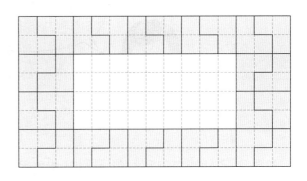 모양으로 규칙적인 무늬를 만들었습니다. 무늬를 완성하고 규칙을 설명해 보세요.

설명 ⌐ 모양을 _____

_____

105

1 그림을 보고 도형의 이동 방법을 설명해 보세요.

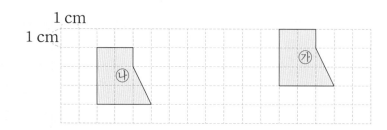

설명 _____

_____

2 도형의 뒤집기에 대해 바르게 설명한 친구를 모두 골라 보세요.

강: 도형을 왼쪽으로 7번 뒤집으면 처음 모양과 같아집니다.

산: 도형을 오른쪽으로 뒤집은 모양은 아래쪽으로 뒤집은 모양과 같습니다.

바다: 도형을 오른쪽으로 뒤집은 모양은 왼쪽으로 뒤집은 모양과 같습니다.

하늘: 도형을 위쪽으로 4번 뒤집으면 처음 모양과 같아집니다.

(   )

3 도형을 움직인 모양을 보고 움직인 방법을 설명해 보세요.

설명 _____

_____

_____

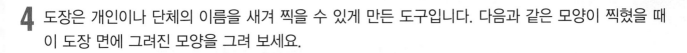

4 도장은 개인이나 단체의 이름을 새겨 찍을 수 있게 만든 도구입니다. 다음과 같은 모양이 찍혔을 때 이 도장 면에 그려진 모양을 그려 보세요.

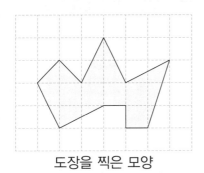

도장을 찍은 모양

도장 면에 그려진 모양

5 ◁ 모양으로 밀기, 뒤집기, 돌리기를 모두 이용하여 규칙적인 무늬를 만들고, 무늬를 만든 방법을 설명해 보세요.

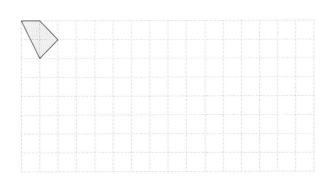

설명 _____

_____

6 산이는 526을 돌리기를 이용하여 925로 바꾸었습니다. 강이는 산이와 다른 방법으로 526을 925로 바꾸었습니다. 강이가 이용한 방법을 설명해 보세요.

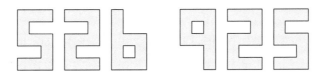

설명 _____

_____

5 희망 조사한 결과를 어떻게 나타낼까요?

막대그래프

★ 막대그래프가 무엇인지, 어떻게 그리는지 알 수 있어요.

★ 신문이나 인터넷에 막대그래프가 나오면 무슨 뜻인지 알 수 있어요.

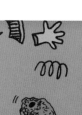

✓ Check

스스로 다짐하기

☐ 정답을 맞히는 것도 중요하지만, 문제를 푼 과정을 설명하는 것도 중요해요.

☐ 새롭고 어려운 내용이 많지만, 꼼꼼하게 풀어 보세요.

☐ 스스로 과제를 해결하는 것이 힘들지만, 참고 이겨 내면 기분이 더 좋아져요.

꼬리에 꼬리를 무는 개념 ✦

2-2-5

자료의 정리
- 표로 읽기 및 만들기
- 그림그래프 알아보기 및 그려 보기

4-1-5

꺾은선그래프
- 꺾은선그래프 알기 및 해석하기
- 꺾은선그래프로 나타내기

3-2-6

표와 그래프
- 표와 그래프로 나타내기
- 표와 그래프의 편리한 점 알기

막대그래프
- 막대그래프 내용 및 특징 알기
- 막대그래프 그리기

4-2-5

스스로 계획 짜기 ✏️

1일차	2일차	3일차	4일차	5일차
_____월 _____일	_____월 _____일	_____월 _____일	_____월 _____일	_____월 _____일

6일차	7일차	8일차
_____월 _____일	_____월 _____일	_____월 _____일

기억 1 그림그래프

알려고 하는 수(조사한 수)를 그림의 크기나 모양으로 나타낸 그래프를 그림그래프라고 합니다.

[1~4] 하늘이네 학교 4학년 학생들은 여름 방학에 놀러 가고 싶은 장소를 조사했어요.

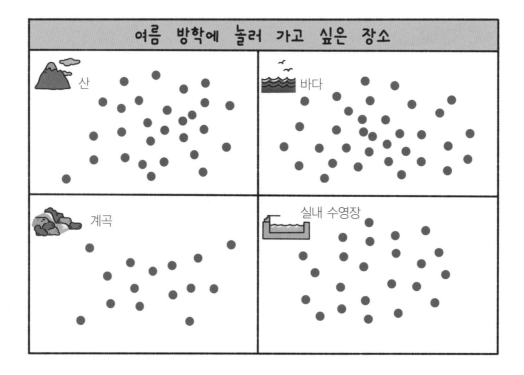

여름 방학에 놀러 가고 싶은 장소

산 / 바다 / 계곡 / 실내 수영장

1 조사한 결과를 표로 나타내어 보세요.

여름 방학에 놀러 가고 싶은 장소

장소	산	바다	계곡	실내 수영장
학생 수(명)				

2 표를 그림그래프로 나타내어 보세요.

여름 방학에 놀러 가고 싶은 장소

장소	학생 수
산	
바다	
계곡	
실내 수영장	

◎ 10명
○ 1명

3 그림그래프를 보고 알 수 있는 내용을 2가지 써 보세요.

4 표를 그림그래프로 나타냈을 때의 좋은 점을 이야기해 보세요.

여름 방학에 하고 싶은 일을 그래프로 어떻게 그릴까요?

[1~2] 하늘이네 학교 4학년 학생들이 여름 방학에 하고 싶은 일을 조사하여 나타낸 표예요.

여름 방학에 하고 싶은 일

하고 싶은 일	친구들과 놀기	여행하기	책 읽기	운동하기	공부하기
학생 수(명)	65	30	5	25	15

1 표를 그림그래프로 나타내어 보세요.

여름 방학에 하고 싶은 일

하고 싶은 일	학생 수
친구들과 놀기	
여행하기	
책 읽기	
운동하기	
공부하기	

◎ 10명
○ 1명

2 그림그래프를 보고 알 수 있는 내용을 모두 써 보세요.

3 여름 방학에 하고 싶은 일별 학생 수를 쉽게 비교하기 위해 또 어떤 그래프로 나타낼 수 있을까요? 그리거나 써 보세요.

여름 방학에 하고 싶은 일

4 그림그래프와 문제 **3**에서 그린 그래프를 비교해 보세요.

(1) 그림그래프와 문제 **3**에서 그린 그래프의 같은 점은 무엇인가요?

(2) 그림그래프와 문제 **3**에서 그린 그래프의 다른 점은 무엇인가요?

막대그래프 알아보기

[1~3] 봄이네 학교 4학년 학생들이 배우고 싶은 운동을 조사하여 표와 그래프로 나타냈습니다. 표와 그래프를 보고 물음에 답하세요.

배우고 싶은 운동별 학생 수

운동	체조	탁구	수영	배드민턴	승마	축구	합계
학생 수(명)	9	14	52	38	32	16	161

배우고 싶은 운동별 학생 수

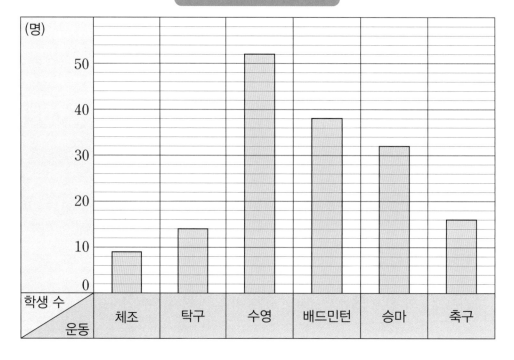

1 조사한 내용을 나타낸 표를 살펴보세요.

(1) 무엇을 조사했나요? (   )

(2) 표를 보고 알 수 있는 것은 무엇인가요?

2 조사한 내용을 나타낸 그래프를 살펴보세요.

(1) 가로와 세로는 각각 무엇을 나타내나요?

가로 (   ), 세로 (   )

(2) 막대의 길이는 무엇을 나타내나요?

(   )

(3) 세로 눈금 한 칸은 몇 명을 나타내나요?

(   )

3 표와 그래프를 비교해 보세요.

(1) 표와 그래프의 공통점은 무엇인가요?

(2) 표를 그래프로 나타냈을 때의 좋은 점은 무엇인가요?

개념 정리 막대그래프

조사한 자료를 막대 모양으로 나타낸 그래프를 막대그래프라고 합니다.

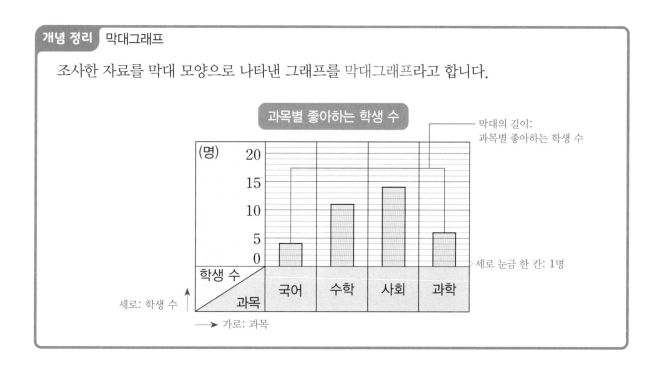

115

막대그래프를 보고 알 수 있는 사실

[1~4] 바다와 하늘이는 쓰레기가 썩어서 자연으로 되돌아가는 데 걸리는 기간을 조사하여 막대그래 프로 나타냈습니다. 물음에 답하세요.

쓰레기가 자연으로 되돌아가는 데 걸리는 기간

바다

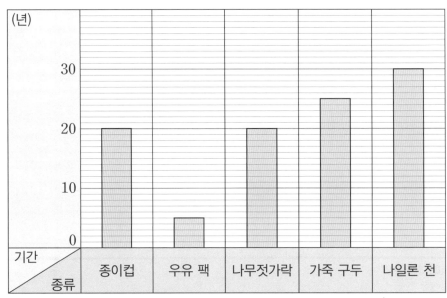

쓰레기가 자연으로 되돌아가는 데 걸리는 기간

하늘

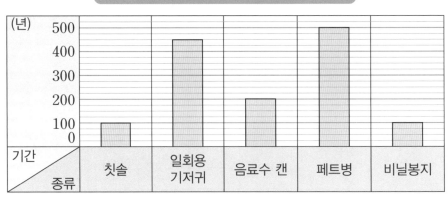

1 바다가 나타낸 막대그래프의 내용을 알아보세요.

(1) 바다의 막대그래프에서 자연으로 되돌아가는 데 걸리는 기간이 가장 긴 쓰레기는 무엇인가요?

(   )

(2) 바다의 막대그래프에서 자연으로 되돌아가는 데 걸리는 기간이 가장 짧은 쓰레기는 무엇인가요?

(   )

2 하늘이가 나타낸 막대그래프의 내용을 알아보세요.

(1) 하늘이의 막대그래프에서 일회용 기저귀가 자연으로 되돌아가는 데 걸리는 기간은 몇 년인가요? 어떻게 알 수 있나요?

(2) 하늘이의 막대그래프에서 자연으로 되돌아가는 데 걸리는 기간이 비닐봉지의 2배인 쓰레기는 무엇인가요?

(   )

3 두 막대그래프를 비교해 보세요.

(1) 두 막대그래프의 공통점은 무엇인가요?

(2) 두 막대그래프의 다른 점은 무엇인가요?

4 특히 어떤 쓰레기를 줄이려고 노력해야 할까요? 그 이유를 써 보세요.

개념 정리 막대그래프의 내용을 알아볼까요

막대그래프에서는 수량의 많고 적음을 막대의 길이로 비교합니다. 이때 막대의 길이가 길수록 수량이 많고, 막대의 길이가 짧을수록 수량이 적습니다.

쓰레기 배출량을 막대그래프로 어떻게 그릴까요?

[1~3] 산이가 살고 있는 지역의 마을별 일일 쓰레기 배출량을 조사하여 나타낸 표예요.

마을별 일일 쓰레기 배출량

마을	가온	한뜰	도램	새뜸	가락
배출량(kg)	280	120	160	240	200

1 막대그래프를 그려 보세요.

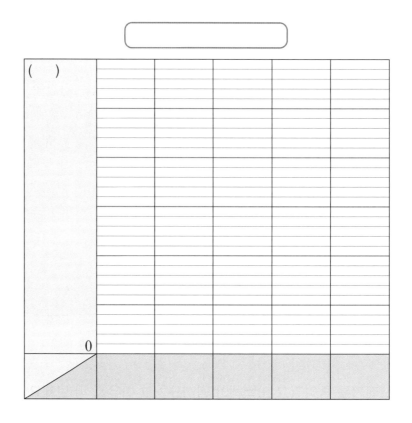

2 마을별 일일 쓰레기 배출량을 막대그래프로 나타낸 순서를 써 보세요.

3. 표를 보고 친구들이 막대그래프를 여러 가지 방법으로 나타냈어요.

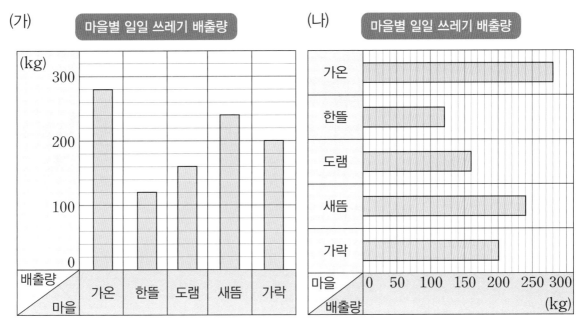

(1) 문제 **1**에서 그린 그래프와 (가) 그래프의 다른 점은 무엇인가요?

(2) 문제 **1**에서 그린 그래프와 (나) 그래프의 다른 점은 무엇인가요?

막대그래프 그리는 방법

[1~2] 산이네 반 학생들이 일상생활에서 자주 사용하는 일회용품을 조사하여 나타낸 표입니다. 물음에 답하세요.

자주 사용하는 일회용품별 학생 수

종류	나무젓가락	종이컵	비닐봉지	플라스틱 빨대	페트병
학생 수(명)	2	6	8	10	4

 표를 막대그래프로 나타내는 방법을 알아보세요.

(1) 막대그래프의 가로와 세로에 각각 무엇을 나타내어야 하나요?

(2) 세로 눈금 한 칸은 몇 명을 나타내어야 하는지 정하고 그 이유를 설명해 보세요.

(3) 표를 보고 막대그래프로 나타내어 보세요.

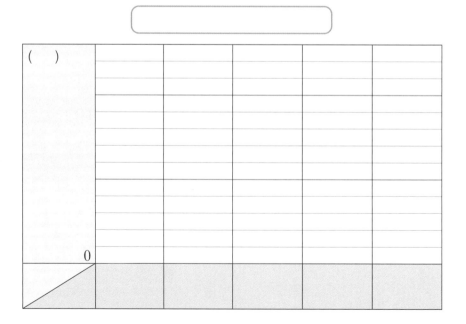

2 막대그래프를 여러 가지 방법으로 나타내어 보세요.

(1) 문제 **1**에서 그린 그래프의 세로 눈금 한 칸을 2명으로 하여 나타내어 보세요.

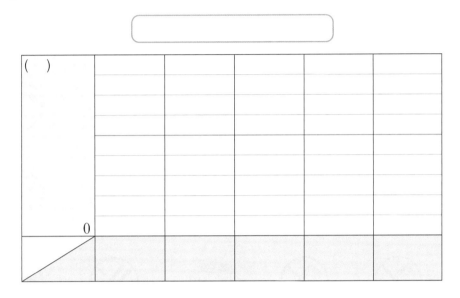

(2) 문제 **1**에서 그린 그래프의 가로와 세로를 바꾸어 막대를 가로로 나타내어 보세요.

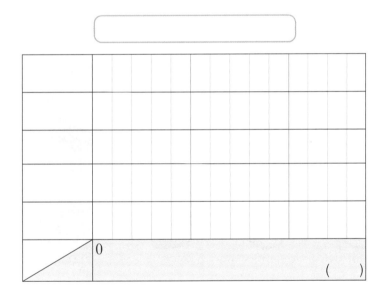

개념 정리 막대그래프 그리기

① 가로와 세로 중 어느 쪽에 조사한 수를 나타낼지 정합니다.

② 눈금 한 칸의 크기를 정하고 조사한 수 중 가장 큰 수를 나타낼 수 있도록 눈금을 표시합니다.

③ 조사한 수에 알맞게 막대를 그립니다.

④ 막대그래프에 알맞은 제목을 붙입니다.

자료를 조사하여 막대그래프 그리기

[1~5] 하늘이네 반 학생들이 일회용품 사용을 줄이기 위해 하는 일을 조사했어요.

장바구니
사용하기

개인 컵
사용하기

일회용 빨대
사용하지 않기

나무젓가락
사용하지 않기

일회용 도시락
사용하지 않기

1 조사한 결과를 표로 나타내어 보세요.

하는 일					합계
학생 수(명)					

2 막대그래프의 가로와 세로에는 각각 무엇을 나타내어야 하나요?

가로 (   ), 세로 (   )

3 막대그래프의 세로 눈금 한 칸은 몇 명을 나타내어야 하나요?

(   )

4 막대그래프로 나타내어 보세요.

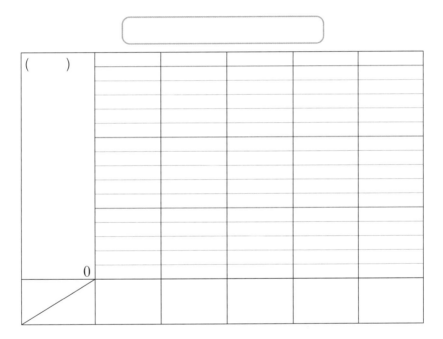

5 막대그래프를 보고 알 수 있는 내용을 2가지 써 보세요.

개념 정리   자료를 조사하여 막대그래프를 그려 볼까요

① 알고 싶은 주제를 정하고 알맞은 자료를 조사합니다.

② 조사한 결과를 표로 정리합니다.

③ 표를 보고 막대그래프로 나타냅니다.

막대그래프

개념 정리 막대그래프 그리는 방법을 정리해 보세요.

1 표를 보고 막대그래프를 그려 보세요.

장래 희망별 학생 수

장래 희망	선생님	방송인	연예인	법조인	의사
학생 수(명)	12	4	3	2	5

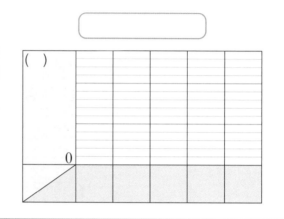

( )

0

개념 연결 표를 그림그래프로 나타내어 보세요.

주제	표를 그림그래프로 나타내기
그림그래프	우리 학교 4학년 학생 108명이 기르고 싶은 동물을 조사한 표를 보고 그림그래프로 나타내세요.

동물	개	고양이	금붕어	합계
학생 수 (명)	52	33	23	108

동물	학생 수
개	
고양이	
금붕어	

☺10명 ☺1명

---

1 학교 앞 분식집의 하루 판매량을 나타낸 그림그래프를 보고 표로 나타낸 다음 그 표를 막대그래프로 나타내는 과정을 친구에게 편지로 설명해 보세요.

| 라면 | 떡볶이 | 김밥 | 돈까스 |

🍜10그릇 🍜1그릇

1 2016년 브라질 리우데자네이루 올림픽에서 아시아 주요 국가들이 획득한 금메달 수를 나타낸 막대그래프를 보고 알 수 있는 사실을 5가지 말해 보세요.

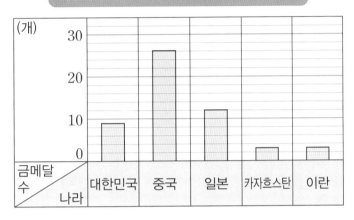

2 올림픽 경기 중 우리 반 친구들이 관람하고 싶은 경기를 조사하여 나타낸 표를 막대그래프로 나타내고, 나타낸 과정을 설명해 보세요.

우리 반 친구들이 관람하고 싶은 경기

경기 종목	양궁	축구	태권도	기타	합계
학생 수(명)	8	6	2	4	20

(설명)

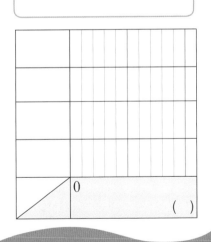

막대그래프는 이렇게 연결돼요

 그림그래프 해석하기

 막대그래프

 꺾은선그래프

 그림그래프, 띠그래프, 원그래프

125

[1~4] 바다네 반 학생들이 좋아하는 과일을 조사하여 나타낸 그래프입니다. 물음에 답하세요.

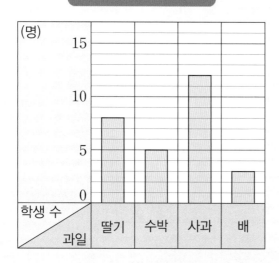

좋아하는 과일별 학생 수

1 위와 같은 그래프를 무엇이라고 하나요?

( )

2 막대의 길이는 무엇을 나타내나요?

( )

3 세로 눈금 한 칸은 몇 명을 나타내나요?

( )

4 막대의 길이가 가장 긴 과일은 무엇인가요?

( )

[5~8] 일주일 동안 어느 지역의 가게별 아이스크림 판매량을 조사하여 나타낸 막대그래프입니다. 물음에 답하세요.

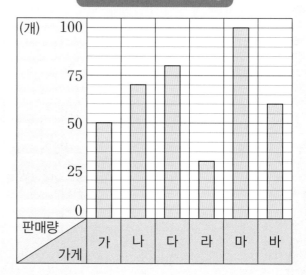

가게별 아이스크림 판매량

5 나 가게가 일주일 동안 판매한 아이스크림 수는 몇 개인가요?

( )

6 일주일 동안 아이스크림을 가장 많이 판매한 가게는 어느 가게이고, 몇 개를 팔았나요?

( )

7 일주일 동안 판매한 아이스크림 수가 가 가게보다 적은 가게는 어느 가게인가요?

( )

8 일주일 동안 다 가게가 판매한 아이스크림 수는 바 가게가 판매한 아이스크림 수보다 몇 개 더 많은가요?

( )

[9~10] 어느 학교 4학년 학생들을 대상으로 봉사 활동을 하고 싶은 학생 수를 조사하여 나타낸 막대그래프입니다. 물음에 답하세요.

반별 봉사 활동을 하고 싶은 학생 수

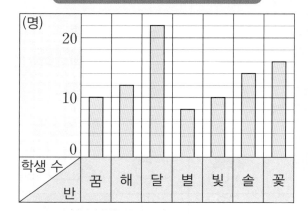

9 막대그래프에 나타난 내용을 바르게 설명한 것에 ○표, 잘못 설명한 것에 ×표 해 보세요.

(1) 봉사 활동을 하고 싶은 학생 수가 두 번째로 많은 반은 꽃반입니다. ( )

(2) 솔반의 봉사 활동을 하고 싶은 학생 수는 별반의 2배입니다. ( )

(3) 달반의 봉사 활동을 하고 싶은 학생은 22명입니다. ( )

(4) 꿈반과 빛반의 봉사 활동을 하고 싶은 학생 수는 서로 같습니다. ( )

(5) 해반의 봉사 활동을 하고 싶은 학생 수는 빛반의 봉사 활동을 하고 싶은 학생 수보다 1명 더 많습니다. ( )

10 막대그래프를 보고 알 수 있는 내용을 2가지 더 써 보세요.

_____

_____

[11~12] 산이네 모둠 친구들의 25 m 수영 기록을 나타낸 표입니다. 물음에 답하세요.

25 m 수영 기록

이름	산	지수	현정	준성
기록(초)	17	15	20	22

11 표를 보고 막대그래프로 나타내어 보세요.

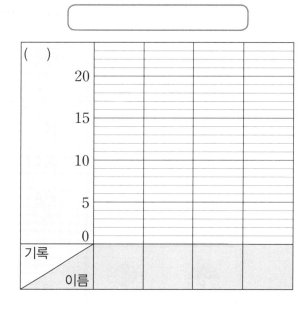

12 가로에는 기록, 세로에는 이름이 나타나도록 막대가 가로인 막대그래프로 나타내어 보세요.

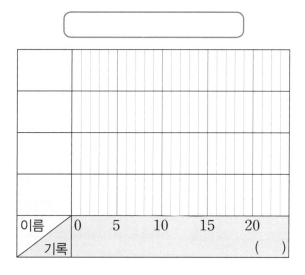

단원평가 심화

[1~2] 어느 지역의 다음 달 예상 날씨를 조사했습니다. 물음에 답하세요.

다음 달 예상 날씨

일	월	화	수	목	금	토
1 흐림	2 비	3 비	4 구름 많음	5 흐림	6 비	7 맑음
8 맑음	9 흐림	10 비	11 비	12 비	13 흐림	14 구름 많음
15 맑음	16 맑음	17 황사	18 황사	19 흐림	20 비	21 비
22 구름 많음	23 흐림	24 비	25 비	26 비	27 맑음	28 흐림
29 비	30 맑음					

☀ 맑음   ⛅ 구름 많음   ☁ 흐림   ☔ 비   황사

1 조사한 결과를 표로 정리하고 막대그래프로 나타내어 보세요.

날씨					합계
날수(일)					

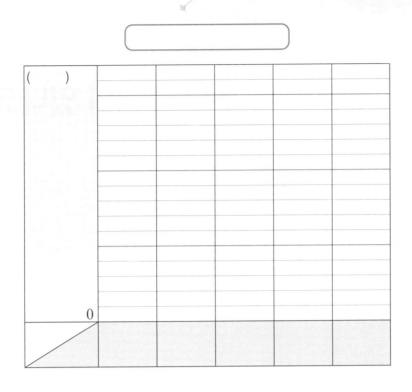

( )

0

2 막대그래프를 보고 알 수 있는 내용을 이용하여 다음 달 날씨를 안내하는 일기 예보 기사를 써 보세요.

다음 달 날씨 예보

김비아 기자

다음 달 예상 날씨를 알려드리겠습니다.

다음 달은

황사가 나타나는 날은 2일로 가장 적지만 마스크를 꼭 준비하셔서 건강을 지키시기 바랍니다.

6 우편함에 무슨 규칙이 있나요?

규칙 찾기

★ 수나 도형에서 규칙을 찾을 수 있을 뿐만 아니라, 계산식에서도 규칙을 찾을 수 있어요.

★ 규칙을 보고 계산식으로 나타낼 수 있어요.

✓ Check

**스스로
다짐하기**

☐ 정답을 맞히는 것도 중요하지만, 문제를 푼 과정을 설명하는 것도 중요
해요.

☐ 새롭고 어려운 내용이 많지만, 꼼꼼하게 풀어 보세요.

☐ 스스로 과제를 해결하는 것이 힘들지만, 참고 이겨 내면 기분이 더 좋
아져요.

꼬리에 꼬리를 무는 개념 ✦

규칙 찾기
- 덧셈표, 곱셈표, 무늬, 쌓은 모양, 생활에서 규칙 찾기
- 규칙 만들기

규칙과 대응
- 규칙 알아맞히기 놀이를 통하여 상대방이 정한 규칙 추측하기
- 대응 관계를 나타낸 표에서 규칙 찾아 설명하기

1-2-5

4-1-6

시계 보기와 규칙 찾기
- 시계에서 규칙 찾기
- 규칙을 찾아 여러 가지 방법으로 나타내기
- 규칙 만들어 무늬 꾸미기

2-2-6

규칙 찾기
- 수 배열표, 일상생활에서 규칙 찾기
- 도형, 계산식에서 규칙 찾기
- 수, 모양, 계산식의 규칙과 관련된 문제 풀기

5-1-3

스스로 계획 짜기 ✏

1일차	2일차	3일차	4일차	5일차
_____월 _____일	_____월 _____일	_____월 _____일	_____월 _____일	_____월 _____일

6일차	7일차	8일차
_____월 _____일	_____월 _____일	_____월 _____일

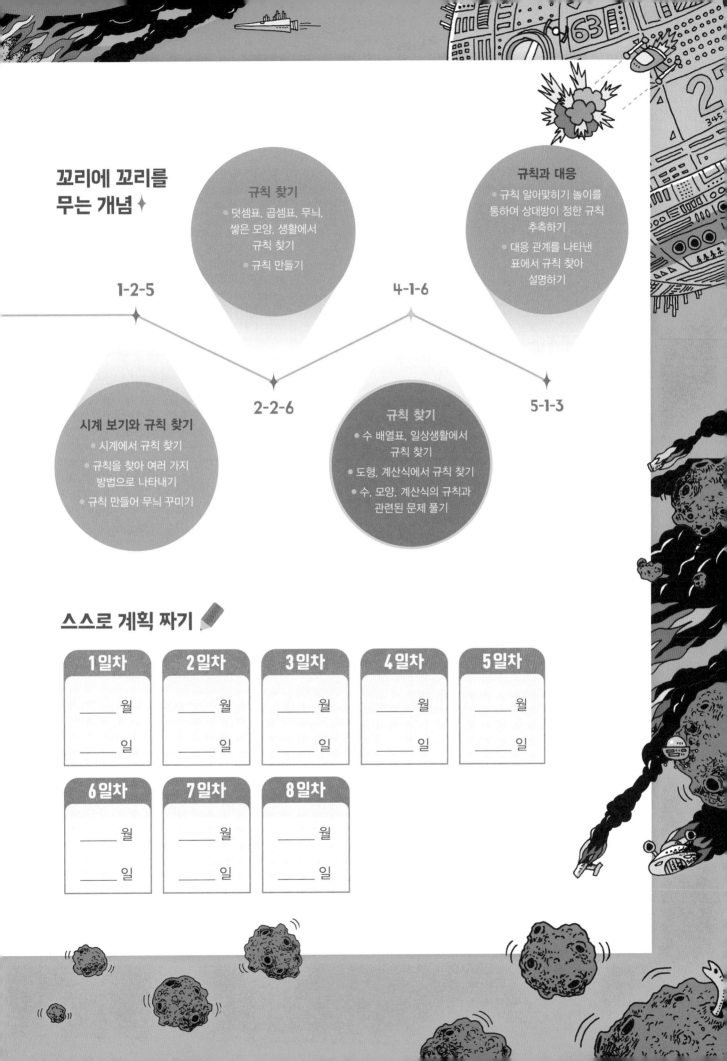

기억 1 덧셈표, 곱셈표에서 규칙 찾기

+	0	1	2	3
0	0	1	2	3
1	1	2	3	4
2	2	3	4	5
3	3	4	5	6

×	1	2	3	4
1	1	2	3	4
2	2	4	6	8
3	3	6	9	12
4	4	8	12	16

- ▨으로 색칠된 수는 아래쪽으로 내려갈수록 1씩 커집니다.
- ▨으로 색칠된 수는 오른쪽으로 갈수록 1씩 커집니다.

- ▨으로 색칠된 수는 아래쪽으로 내려갈수록 3씩 커지고, 홀수, 짝수가 반복됩니다.
- ▨으로 색칠된 수는 오른쪽으로 갈수록 2씩 커지고 모두 짝수입니다.

1 덧셈표와 곱셈표에서 각각 규칙을 찾아 빈칸에 알맞은 수를 써넣으세요.

(1)

+	0	2		6
11	11			
	13	15	17	19
15		17		
	17		21	

(2)

×	1		5	
	1		5	
3		9		21
5			25	35
7	21			

기억 2 무늬에서 규칙 찾기

●	■	★	●	■	★	●	■
★	●	■	★	●	■	★	●
■	★	●	■	★	●	■	★

- ○, □, ☆ 모양이 반복됩니다.
- 빨간색, 파란색이 반복됩니다.
- ↓ 방향으로 같은 색깔이 반복됩니다.
- ↘ 방향으로 같은 모양이 반복됩니다.

2 무늬에서 규칙을 찾아보세요.

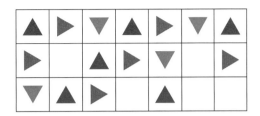

(1) 규칙을 찾아 빈칸에 알맞은 모양을 그리고 색칠해 보세요.

(2) 찾은 규칙을 2가지 써 보세요.

기억 **3** **쌓은 모양에서 규칙 찾기**

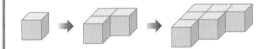

- 왼쪽으로 1개, 2개, 3개를 놓았습니다.
- 쌓기나무가 왼쪽으로 갈수록 1개씩 늘어납니다.

3 쌓은 모양을 보고 물음에 답하세요.

(1) 쌓은 규칙을 찾아보세요.

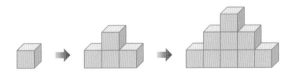

(2) 규칙에 따라 쌓기나무를 4층으로 쌓으려면 쌓기나무는 모두 몇 개가 필요할까요?

( )

우편함에 무슨 규칙이 있나요?

  강이와 바다는 봉사 활동을 하러 갔습니다. 우편함을 보고 규칙을 알아보세요.

A 501	B 502	C 503	①	E 505
A 401	B 402	C 403	D 404	E 405
A 301	B 302	C 303	D 304	E 305
A 201	B 202	②	D 204	E 205
A 101	B 102	C 103	D 104	③

(1) 우편함에 적힌 호수에서 규칙을 찾아 3가지를 써 보세요.

(2) 규칙에 따라 빈 곳에 알맞은 호수를 찾아 쓰고 찾은 방법을 각각 2가지씩 써 보세요.

호수	찾은 방법
①	· ·
②	· ·
③	· ·

2 계산기를 이용하여 수 배열표에서 규칙을 찾아보세요.

	101	102	103	104	105
101	10201	10302	10403	10504	10605
102	10302	10404	10506	10608	
103	10403	10506	10609		
104	10504	10608			
105	10605				

(1) 수 배열표에서 규칙을 찾아 3가지를 써 보세요.

(2) 규칙에 따라   에 알맞은 수를 구하고, 그 이유를 2가지 써 보세요.

3 문제 **1**과 **2**를 다시 살펴보고, 나만의 규칙이 있는 수 배열표를 만들어 보세요.

내가 만든 규칙

①

②

수 배열에서 규칙 찾기

 수 배열표에서 규칙을 찾아보세요.

10501	20502	30503	①	50505
10401	20402	30403	40404	50405
10301	20302	30303	40304	50305
10201	20202	②	40204	50205
10101	20102	30103	40104	50105

(1) 가로(→)에서 규칙을 찾아보세요.

(2) 세로(↓)에서 규칙을 찾아보세요.

(3) ①, ②에 알맞은 수를 구하고 구한 방법을 써 보세요.

 계산기를 이용하여 수 배열표에서 규칙을 찾아보세요. 📱

2021+9=2030
이니까…

	2021	2022	2023	2024
9	0	1	2	3
10	1	2	3	4
11	2	3	4	5
12	3	4	5	6

(1) 수 배열표를 만든 규칙을 써 보세요.

(2) 수 배열표에서 규칙을 찾아 2가지를 써 보세요.

3 수 배열표에서 규칙을 찾아보세요.

1005	1025	1045	1065	1085
3005	3025	3045	3065	3085
5005	5025	5045	5065	5085
7005	7025	7045	7065	7085
9005	9025	9045	9065	9085

(1) ▩으로 색칠된 칸에서 규칙을 찾아보세요.

(2) ▨으로 색칠된 칸에서 규칙을 찾아보세요.

4 수 배열표에서 규칙을 찾아보세요.

	101	102	103	104	105
21	1	2	3	4	5
22	2	4	6	8	0
23	3	6	9	2	5
24	4	8	2	6	◎
25	5	★	5	0	5

(1) 수 배열표에서 규칙을 찾아 2가지를 써 보세요.

(2) ◎, ★에 알맞은 수를 구하고 구한 방법을 써 보세요.

벽에 무슨 규칙이 있나요?

1 하늘이와 강이는 복지 시설 봉사 활동에서 오래된 벽에 페인트칠하는 일을 돕기로 했습니다. 벽에 있는 도형의 배열을 보고 물음에 답하세요.

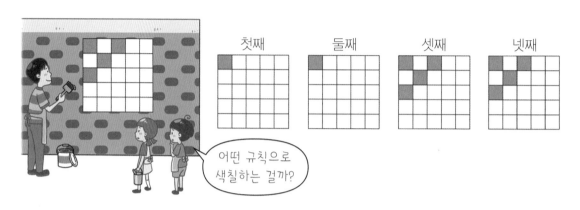

(1) 도형의 배열에서 규칙을 찾아 써 보세요.

(2) 다섯째에 알맞은 모양을 그리고, 그렇게 그린 이유를 2가지 써 보세요.

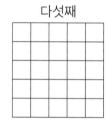

다섯째

2 오각형 모양의 배열을 보고 물음에 답하세요.

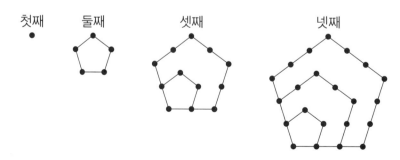

(1) 오각형 모양의 배열에서 규칙을 찾아 써 보세요.

(2) 규칙에 따라 다섯째에 알맞은 모양을 넷째 위에 그려 보세요.

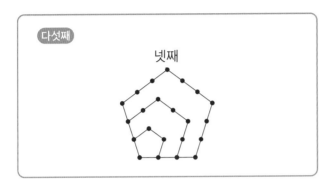

3 문제 **1**과 문제 **2**를 다시 살펴보고, 나만의 규칙이 있는 도형의 배열을 만들어 보세요.

나만의 규칙

①

②

③

첫째	둘째	셋째	넷째

도형의 배열에서 규칙 찾기

 오각형 모양의 배열을 보고 물음에 답하세요.

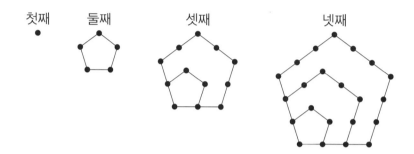

(1) 전체 점의 수와 늘어나는 점의 수를 세어 보세요.

	첫째	둘째	셋째	넷째
점의 수	1	5		
늘어나는 점의 수	1	4		

(2) 위의 수를 보고 오각형 모양의 배열에서 규칙을 찾아보세요.

(3) 규칙에 따라 다섯째에 알맞은 모양을 넷째 위에 그려 보세요. 이때 필요한 점의 수는 몇 개인가요? 필요한 점의 수를 찾은 방법을 써 보세요.

필요한 점의 수:

방법

2 규칙에 따라 다섯째에 알맞은 도형을 그리고 규칙을 써 보세요.

첫째 　 둘째 　 셋째 　 넷째 　 다섯째

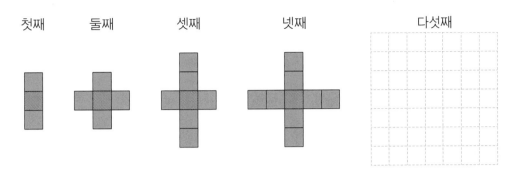

3 모형으로 만든 모양의 배열을 보고 물음에 답하세요.

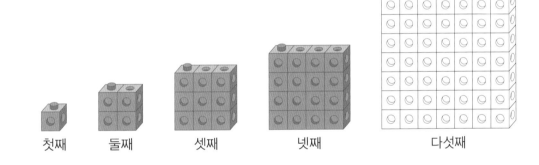

첫째 　 둘째 　 셋째 　 넷째 　 다섯째

(1) 모형의 개수를 세어 규칙을 찾아 써 보세요.

(2) 다섯째에 알맞은 모형의 개수를 구하고 구한 방법을 써 보세요.

(3) 다섯째에 알맞은 모양을 색칠해 보세요.

141

1 선생님께서 아이들에게 간단한 선 디자인을 알려 주려고 합니다. 선 디자인의 숫자 배열을 살펴보세요.

아이들에게 간단한 선 디자인을 알려 주면 멋진 작품이 많이 나올 것 같아.

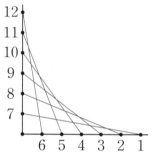

(1) 선 디자인의 숫자 배열에서 찾을 수 있는 규칙을 덧셈식으로 나타내고, 덧셈식에서 규칙을 찾아 2가지를 써 보세요.

덧셈식	규칙

(2) 선 디자인의 숫자 배열에서 찾을 수 있는 규칙을 뺄셈식으로 나타내고, 뺄셈식에서 규칙을 찾아 2가지를 써 보세요.

뺄셈식	규칙

2 계산기를 이용하여 규칙을 찾아보세요.

순서	계산식
첫째	$9 \times 9 =$
둘째	$99 \times 89 =$
셋째	$999 \times 889 =$
넷째	$9999 \times 8889 =$
다섯째	

(1) 계산기를 이용하여 곱셈을 하고 곱셈식에서 규칙을 찾아 써 보세요.

(2) 규칙에 따라 다섯째의 빈칸에 알맞은 식을 써넣고 식을 구한 방법을 설명해 보세요.

3 문제 **1**과 문제 **2**를 다시 살펴보고, 나만의 규칙이 있는 계산식을 만들어 보세요.

나만의 규칙

①

②

③

순서	계산식
첫째	
둘째	
셋째	
넷째	
다섯째	

계산식에서 규칙 찾기

1 그림을 보고 규칙을 찾아 덧셈식과 뺄셈식을 만들어 보세요.

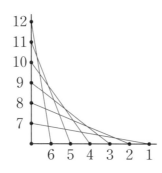

덧셈식	규칙	뺄셈식	규칙
$1+7=8$		$12-6=6$	

2 나눗셈식을 보고 물음에 답하세요.

순서	나눗셈식
첫째	$6000054 \div 6=$
둘째	$600054 \div 6=$
셋째	$60054 \div 6=$
넷째	$6054 \div 6=$
다섯째	

(1) 계산기를 이용하여 나눗셈을 해 보세요.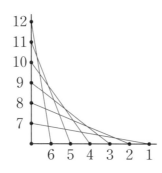

(2) 나눗셈식에서 규칙을 찾아보세요.

(3) 다섯째에 알맞은 나눗셈식을 써 보세요.

3 곱셈식을 보고 물음에 답하세요.

순서	곱셈식
첫째	$1 \times 9 = 9$
둘째	$21 \times 9 = 189$
셋째	$321 \times 9 = 2889$
넷째	$4321 \times 9 = 38889$
다섯째	

(1) 곱셈식에서 규칙을 찾아보세요.

(2) 다섯째에 알맞은 곱셈식을 써 보세요.

(3) 계산식의 규칙에 따라 계산 결과가 68888889인 식을 써 보세요.

4 달력에서 규칙적인 계산식을 찾고, 찾은 계산식을 ㉖를 참고하여 각각 2가지씩 써 보세요.

일	월	화	수	목	금	토
			1	2	3	4
5	6	7	8	9	10	11
12	13	14	15	16	17	18
19	20	21	22	23	24	25
26	27	28	29	30	31	

(1)

㉖ $3 + 15 = 9 \times 2$, $4 + 16 = 10 \times 2$

(2)

㉖ $7 + 13 = 19 + 1$, $8 + 14 = 20 + 2$

규칙 찾기

스스로 정리 규칙을 찾아 빈칸을 채워 보세요.

1 (1) 수 배열표 완성하기

	514		
404	414	424	
304			
			234
104	114		

(2) 도형의 배열 완성하기

첫째　둘째　셋째　넷째　다섯째

개념 연결 덧셈표와 곱셈표를 완성해 보세요.

주제	표 완성하기

덧셈표와 곱셈표

+	0	1	2	3	4	5	6	7	8	9
0	0	1	2		4	5	6	7	8	9
1		2	3		5		7	8	9	10
2	2		4		6	7		9	10	11
3	3	4			7	8	9			
4	4	5	6		8	9	10			13
5	5	6	7		9	10	11	12	13	14
6	6	7	8				12	13	14	15
7	7	8	9		11			14	15	
8										
9	9	10	11		13	14	15		17	

×	1	2	3	4	5	6	7	8	9
1	1	2	3	4	5	6	7	8	
2									
3	3	6	9	12	15		21	24	
4	4	8	12	16	20	24		32	
5	5								
6	6	12	18	24	30	36		48	
7	7	14	21	28	35				
8	8	16		32	40	48	56	64	
9	9	18			45		63		

1 곱셈표를 완성하고, 그 과정을 친구에게 편지로 설명해 보세요.

×		3		6	8
50	100				
		300			
200			1000		
				1500	
350					2800

1 달력에서 규칙적인 계산식을 찾아 5가지를 쓰고, 설명해 보세요.

월	화	수	목	금	토	일
1	2	3	4	5	6	7
8	9	10	11	12	13	14
15	16	17	18	19	20	21
22	23	24	25	26	27	28
29	30	31				

2 빈칸에 알맞은 수를 써넣고 수를 어떻게 찾았는지 설명해 보세요.

- $1+3+5=3\times\boxed{}$

- $10+15+20=\boxed{}\times 3$

- $51+61+71=61\times\boxed{}$

- $101+\boxed{}+109=105\times 3$

- $110+220+330=\boxed{}\times 3$

규칙 찾기는 이렇게 연결돼요

 2-2
규칙 찾기, 덧셈표, 곱셈표

 4-1
규칙 찾기, 수 배열표

 4-2
규칙 찾기, 대응 관계

 6-1
비와 비율

1 규칙을 찾아 빈칸에 알맞은 수를 써넣으세요.

20101	21102	22103	23104	24105
30101	31102		33104	34105
40101	41102	42103	43104	
50101		52103	53104	54105
60101	61102		63104	64105

2 공연장 좌석 배치도의 일부입니다. 물음에 답하세요.

무		대			
A6	A7	A8	A9	A10	A11
B6	B7	B8	B9	B10	B11
C6	C7	C8	C9		C11
D6	D7		D9	D10	D11
	E7	E8	E9	E10	E11

입구

(1) 좌석 배치도에서 규칙을 찾아 2가지를 써 보세요.

규칙 _____

_____

_____

(2) 빈칸에 알맞은 좌석 번호를 써넣으세요.

3 수 배열표를 보고 물음에 답하세요.

	5001	5102	5203	5304	5405
13	4	5	6	7	8
14	5	6	7		9
15	6		8	9	0
16	7	8	9	0	

(1) 수 배열표에서 규칙을 찾아 2가지를 써 보세요.

규칙 _____

_____

(2) 빈칸에 알맞은 수를 써넣으세요.

4 규칙에 따라 다섯째, 일곱째에 알맞은 도형을 그려 보세요.

첫째   둘째   셋째

넷째   다섯째   여섯째

일곱째

5 모형으로 만든 모양의 배열을 보고 물음에 답하세요.

첫째 　　 둘째 　　 셋째 　　 넷째

(1) 모양의 배열에서 규칙을 찾아 써 보세요.

　규칙　_____

_____

(2) 다섯째에 알맞은 모양을 색칠해 보세요.

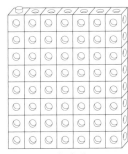

다섯째

6 달력의 색칠된 방향에서 규칙적인 계산식을 찾아 써 보세요.

일	월	화	수	목	금	토
					1	2
3	4	5	6	7	8	9
10	11	12	13	14	15	16
17	18	19	20	21	22	23

　계산식　_____

_____

7 곱셈식과 나눗셈식을 보고 물음에 답하세요.

곱셈식	나눗셈식
$3 \times 37 = 111$	$111 \div 3 = 37$
$6 \times 37 = 222$	$222 \div \boxed{} = 37$
$9 \times 37 = 333$	$333 \div 9 = \boxed{}$
$12 \times 37 = 444$	$\boxed{} \div \boxed{} = \boxed{}$

(1) 곱셈식에서 규칙을 찾아보세요.

　규칙　_____

_____

(2) 곱셈식의 규칙을 이용하여 나눗셈식의 □ 안에 알맞은 수를 써넣으세요.

8 규칙에 따라 나누는 수가 4일 때의 계산식을 2개 써 보세요.

$$3 \div 3 = 1$$
$$9 \div 3 \div 3 = 1$$
$$27 \div 3 \div 3 \div 3 = 1$$
$$81 \div 3 \div 3 \div 3 \div 3 = 1$$

　계산식

1 바다는 수학자가 되는 것이 꿈입니다. 오늘 수학에 관련된 책을 보다가 파스칼의 삼각형에 대해 알게 되었습니다. 물음에 답하세요.

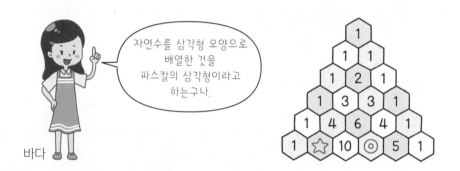

자연수를 삼각형 모양으로 배열한 것을 파스칼의 삼각형이라고 하는구나.

바다

(1) 파스칼의 삼각형에서 규칙을 찾아 2가지를 써 보세요.

(2) ★와 ◎에 알맞은 수를 써 보세요.

★ ( ), ◎ ( )

(3) 바다는 파스칼의 삼각형에서 발견한 규칙을 식으로 나타냈습니다. 빈칸에 알맞은 식을 써 보세요.

순서	계산식
첫째	$1+1=2$
둘째	$1+2+1=2\times2$
셋째	$1+3+3+1=2\times2\times2$
넷째	$1+4+6+4+1=2\times2\times2\times2$
다섯째	

2 규칙을 이용하여 계산 결과가 12345654321인 곱셈식을 구하고, 구한 방법을 써 보세요.

순서	곱셈식
첫째	$1 \times 1 = 1$
둘째	$11 \times 11 = 121$
셋째	$111 \times 111 = 12321$
넷째	$1111 \times 1111 = 1234321$

$$\boxed{} \times \boxed{} = 12345654321$$

방법

3 승강기 버튼을 보고 규칙적인 계산식을 3개 만들어 보세요.

계산식

4 도형의 배열을 보고 물음에 답하세요.

첫째　　둘째　　셋째　　넷째　　다섯째　　여섯째

(1) 도형의 배열에서 규칙을 찾아 써 보세요.

(2) 다섯째, 여섯째에 알맞은 도형을 그려 보세요.

초중고 수학 개념연결 지도

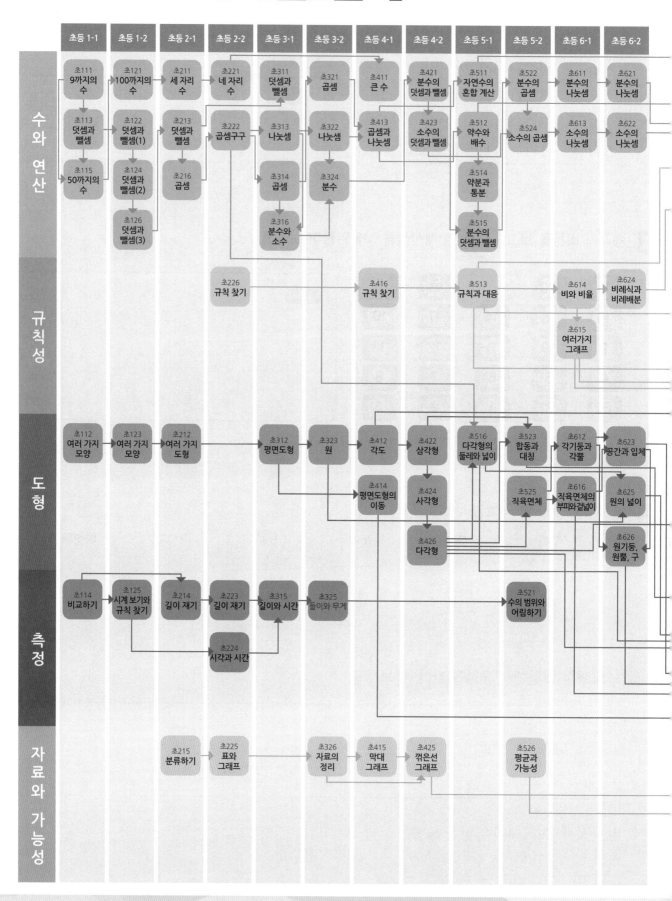

QR코드를 스캔하면
'수학 개념연결 지도'를 내려받을 수 있습니다.

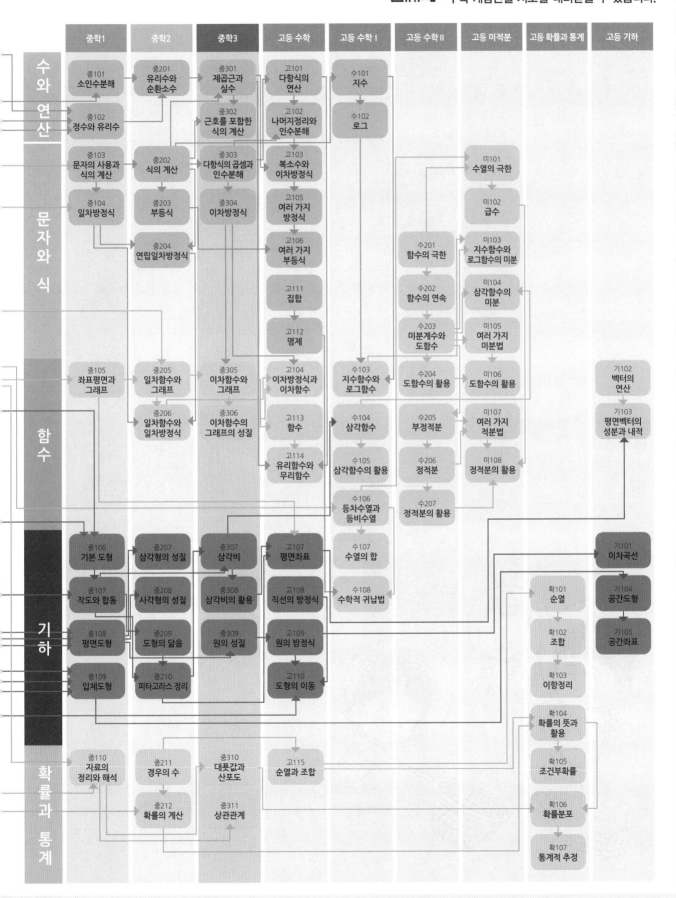

| 중학1 | 중학2 | 중학3 | 고등 수학 | 고등 수학 I | 고등 수학 II | 고등 미적분 | 고등 확률과 통계 | 고등 기하 |

수와 연산

중101 소인수분해
중201 유리수와 순환소수
중301 제곱근과 실수
고101 다항식의 연산
수101 지수

중102 정수와 유리수
중302 근호를 포함한 식의 계산
고102 나머지정리와 인수분해
수102 로그

문자와 식

중103 문자의 사용과 식의 계산
중202 식의 계산
중303 다항식의 곱셈과 인수분해
고103 복소수와 이차방정식
미101 수열의 극한

중104 일차방정식
중203 부등식
중304 이차방정식
고105 여러 가지 방정식
미102 급수

중204 연립일차방정식
고106 여러 가지 부등식
수201 함수의 극한
미103 지수함수와 로그함수의 미분

고111 집합
수202 함수의 연속
미104 삼각함수의 미분

고112 명제
수203 미분계수와 도함수
미105 여러 가지 미분법

함수

중105 좌표평면과 그래프
중205 일차함수와 그래프
중305 이차함수와 그래프
고104 이차방정식과 이차함수
수103 지수함수와 로그함수
수204 도함수의 활용
미106 도함수의 활용
기102 벡터의 연산

중206 일차함수와 일차방정식
중306 이차함수의 그래프의 성질
고113 함수
수104 삼각함수
수205 부정적분
미107 여러 가지 적분법
기103 평면벡터의 성분과 내적

고114 유리함수와 무리함수
수105 삼각함수의 활용
수206 정적분
미108 정적분의 활용

수106 등차수열과 등비수열
수207 정적분의 활용

기하

중106 기본 도형
중207 삼각형의 성질
중307 삼각비
고107 평면좌표
수107 수열의 합
기101 이차곡선

중107 작도와 합동
중208 사각형의 성질
중308 삼각비의 활용
고108 직선의 방정식
수108 수학적 귀납법
확101 순열
기104 공간도형

중108 평면도형
중209 도형의 닮음
중309 원의 성질
고109 원의 방정식
확102 조합
기105 공간좌표

중109 입체도형
중210 피타고라스 정리
고110 도형의 이동
확103 이항정리

확104 확률의 뜻과 활용

확률과 통계

중110 자료의 정리와 해석
중211 경우의 수
중310 대푯값과 산포도
고115 순열과 조합
확105 조건부확률

중212 확률의 계산
중311 상관관계
확106 확률분포

확107 통계적 추정

'생각열기'는 내 생각을 쓰는 문제이기 때문에 답이 여러 가지일 수 있어요. 답과 해설을 참고하여 여러분의 생각과 비교하고 수정해 보세요.

초등 **4-1**

정답과 해설

기억하기 12~13쪽

1 쓰기 5283 읽기 오천이백팔십삼

2 (위에서부터) 7000, 100, 90, 3

3 (1) 3851, 6851, 7851
   (2) 4926, 5026
   (3) 9270, 9290, 9300

4 (1) > (2) <

생각열기 ❶ 14~15쪽

1 (1) 10000원(만 원)
   (2) 10000 또는 1만이라 쓰고, 만 또는 일만이라
      고 읽습니다.
   (3) 100, 1000, 10000
   (4) 10의 10배인 수는 100이고 100의 10배인 수
      는 1000, 1000의 10배인 수는 10000입니다.

2 (1) 산: 100원짜리 동전이 10개이면 1000원이고,
      1000원짜리 지폐가 10장이면 10000원이니까
      100원짜리 동전이 100개 있어야 10000원이 돼.
      산: 10원짜리 동전이 10개이면 100원이고, 100
      개이면 1000원이니까 1000개가 있어야 1000
      원짜리 지폐 10장과 같은 10000원이 돼.
   (2) 해설 참조

1 (2) 1000원짜리 지폐 10장은 10000원이므로 1000이 10
     인 수는 10000입니다.

2 (2) 예

이 외에도 지폐와 동전으로 10000원을 나타낸 경우
모두 정답으로 합니다.

선생님의 참견

1000이 10개인 수를 알아봐요. 이전의 경험을 토대로 자릿값
이 하나 더 늘어나는 수를 추측해 보세요. 100원이 10개이면
1000원이라는 사실에서 1000원이 10개인 수를 상
상해 보세요.

1 1, 1000 / 2, 2000 / 3, 3000 / 4, 4000 / 5, 5000 /
   6, 6000 / 7, 7000 / 8, 8000 / 9, 9000 / 10, 10000

2 (1) 8000, 10000
   (2) 1000
   (3) 9800, 10000
   (4) 100
   (5) 9980, 10000
   (6) 10
   (7) 9998, 10000
   (8) 1

3 예 (위에서부터) 50, 50, 50, 50 / 9800, 9850, 9900,
      9950

2 (2) 10000은 9000보다 1000 큰 수입니다.
   (4) 10000은 9900보다 100 큰 수입니다.
   (6) 10000은 9990보다 10 큰 수입니다.
   (8) 10000은 9999보다 1 큰 수입니다.

3 9950보다 50 큰 수는 10000입니다. / 10000은 9800보다
   200 큰 수입니다.
   이 외에도 나만의 규칙으로 10000을 나타낸 경우 모두 정
   답으로 합니다.

1 (1) 해설 참조
   (2) 20000, 4000, 600, 30, 5

2 (1) (왼쪽에서부터) 5, 2, 8, 9, 4,
   (2) (왼쪽에서부터) 50000, 2000, 800, 90, 4
   (3) 50000, 2000, 800, 90, 4

3 (위에서부터) 삼만 구천오백육십사, 54273,
   육만 팔천십삼, 80947

4 해설 참조

1 (1) 2는 만의 자리 숫자이고, 20000을 나타냅니다.
     4는 천의 자리 숫자이고, 4000을 나타냅니다.
     6은 백의 자리 숫자이고, 600을 나타냅니다.
     3은 십의 자리 숫자이고, 30을 나타냅니다.
     5는 일의 자리 숫자이고, 5를 나타냅니다.

4 예 새로 산 운동화 가격은 38700원입니다. 38700은 삼만
     팔천칠백이라고 읽습니다.

1　(1) (왼쪽에서부터) 100000 또는 10만(십만),
　　　1000000 또는 100만(백만),
　　　10000000 또는 1000만(천만)
　(2) 100000 또는 10만(십만)
　(3) 1000000 또는 100만(백만)
　(4) 10000000 또는 1000만(천만)
　(5), (6) 해설 참조
2　해설 참조
3　(1) (왼쪽에서부터) 10000, 100000000,
　　　1000000000000
　(2) 해설 참조

1　(2) 100000 또는 10만이라 쓰고 십만이라 읽습니다.
　　예 1이 10개이면 10이므로 100000이 10개이면 100000
　　　입니다.

　(3) 1000000 또는 100만이라 쓰고 백만이라 읽습니다.
　　예 1이 100개이면 100이므로 100000이 100개이면
　　　1000000입니다.

　(4) 10000000 또는 1000만이라 쓰고 천만이라 읽습니다.
　　예 1이 1000개이면 1000이므로 100000이 1000개이면
　　　10000000입니다.

　(5) 3은 십만의 자리 숫자, 3은 만의 자리 숫자, 4는 천의
　　　자리 숫자, 8은 백의 자리 숫자, 5는 십의 자리 숫자, 6
　　　은 일의 자리 숫자입니다.

　(6) 십만의 자리 숫자 3은 300000, 만의 자리 숫자 3은
　　　30000, 천의 자리 숫자 4는 4000, 백의 자리 숫자 8은
　　　800, 십의 자리 숫자 5는 50, 일의 자리 숫자 6은 6을
　　　나타냅니다.

2　예 − 10000은 1의 10000배, 100000이 10개인 수는 1의
　　　100000배, 100000이 100개인 수는 1의 1000000배,
　　　100000이 1000개인 수는 1의 10000000배입니다.
　　− 100000이 10개인 수는 10000의 10배, 100000이 100
　　　개인 수는 10000의 100배, 100000이 1000개인 수는
　　　10000의 1000배입니다.

3　(2) 예 − 1부터 시작하여 10000배가 될 때마다 0이 4개씩
　　　　　늘어납니다.
　　　　− 1의 10000배인 수는 1만인 것처럼 10000배가
　　　　　될 때마다 수를 나타내는 단위가 바뀔 것입니다.

10000이 10개인 수, 10000이 100개인 수, 10000이 1000
개인 수를 알아봐요. 1−10−100−1000의 수 사이의 관계를
바탕으로 10000−10000이 10개인 수−10000이
100개인 수−10000이 1000개인 수를 각각 어떻게
쓰고 읽어야 할지 생각해 보세요.

1　(1) 100000
　(2) 해설 참조
　(3) 200000, 50000
2　(1) 1000000
　(2) 해설 참조
　(3) 5000000, 800000, 40000
3　(1) 10000000
　(2) 해설 참조
　(3) 70000000, 6000000, 900000, 10000

1　(2) 2는 십만의 자리 숫자이고 200000을 나타냅니다.
　　　5는 만의 자리 숫자이고 50000을 나타냅니다.

2　(2) 5는 백만의 자리 숫자이고 5000000을 나타냅니다.
　　　8은 십만의 자리 숫자이고 800000을 나타냅니다.
　　　4는 만의 자리 숫자이고 40000을 나타냅니다.

3　(2) 7은 천만의 자리 숫자이고 70000000을 나타냅니다.
　　　6은 백만의 자리 숫자이고 6000000을 나타냅니다.
　　　9는 십만의 자리 숫자이고 900000을 나타냅니다.
　　　1은 만의 자리 숫자이고 10000을 나타냅니다.

1　(1) 1억
　(2) 해설 참조
　(3) 500000000000, 30000000000,
　　　6000000000, 800000000
2　(1) 1조
　(2) 해설 참조
　(3) 2000000000000000, 900000000000000,
　　　40000000000000, 3000000000000000

1 (2) 5는 천억의 자리 숫자이고 500000000000을 나타냅니다.
3은 백억의 자리 숫자이고 30000000000을 나타냅니다.
6은 십억의 자리 숫자이고 6000000000을 나타냅니다.
8은 억의 자리 숫자이고 800000000을 나타냅니다.

2 (2) 2는 천조의 자리 숫자이고 2000000000000000를 나타냅니다. 9는 백조의 자리 숫자이고 900000000000000를 나타냅니다. 4는 십조의 자리 숫자이고 40000000000000를 나타냅니다. 3은 조의 자리 숫자이고 3000000000000를 나타냅니다.

26~27쪽

개념활용 ❷-3

1 (1) (왼쪽에서부터) 140000, 240000
(2) (왼쪽에서부터) 3870억, 3910억, 3930억

2 (1) 40만씩
(2) 10조씩

3 (1) (왼쪽에서부터) 3762만, 3862만 / 해설 참조
(2) (왼쪽에서부터) 1625억, 1925억 / 해설 참조

4 (1) ⑩ (왼쪽에서부터) 3060만, 3260만, 3460만, 3660만 / 해설 참조
(2) ⑩ (왼쪽에서부터) 35조, 40조, 45조, 50조 / 해설 참조

3 (1) 100만씩 뛰어 세었습니다.
(2) 300억씩 뛰어 세었습니다.

4 (1) ⑩ 2860만부터 200만씩 뛰어 세었습니다.
(2) ⑩ 30조부터 5조씩 뛰어 세었습니다.

생각열기 ❸

28~29쪽

1 (1) ＞, 해설 참조　(2) ＞, 해설 참조
(3) 해설 참조

2

	십만	만	천	백	십	일
67806 ⋯		6	7	8	0	6
137225 ⋯	1	3	7	2	2	5

67806 ＜ 137225

3

	만	천	백	십	일
14804 ⋯	1	4	8	0	4
13265 ⋯	1	3	2	6	5

14804 ＞ 13265

4 해설 참조

1 (1) 1025는 네 자리 수, 987은 세 자리 수이므로 1025가 더 큽니다.
(2) 두 수가 모두 네 자리 수로 같을 때는 가장 큰 자리 수부터 비교합니다. 천의 자리가 4로 똑같으므로 백의 자리를 비교하면 7＞6이고 따라서 4718이 더 큽니다.
(3) 네 자리 수의 크기를 비교할 때 천의 자리 수부터 차례대로 비교합니다. 마찬가지로 다섯 자리 수의 크기도 가장 높은 자리 수인 만의 자리 수부터 차례대로 비교합니다.

2 137225는 십만 단위의 수(6자리 수)이고, 67806은 만 단위의 수(5자리 수)이므로 137225가 67806보다 더 큽니다.

3 14804는 만 단위의 수(5자리 수)이고 13265도 만 단위의 수(5자리 수)입니다. 만의 자리 수는 1로 같지만 천의 자리 수는 4와 3으로 3이 더 작으므로 13265가 14804보다 더 작습니다.

4 자리 수가 같은지 다른지 비교하여 자리 수가 다르면 자리 수가 많은 쪽이 더 큽니다. 자리 수가 같으면 가장 높은 자리 수부터 차례로 비교하여 수가 큰 쪽이 더 큽니다.

선생님의 참견

작은 수를 비교하는 방법과 원리를 설명하고, 이 원리를 이용하여 더 큰 수를 비교하는 방법을 추측하는 것이 중요해요. 수학에서 익히는 방법과 원리는 항상 똑같다는 것을 느껴야 하지요.

개념활용 ❸-1

30~31쪽

1 (1) (위에서부터) 1, 3, 6, 2, 7 / (첫 칸은 비우고) 9, 6, 4, 2
(2) 1억 3627만 / 해설 참조

2 (1) (위에서부터) 8, 6, 5, 9 / 8, 7, 9, 4
(2) 8659만 / 해설 참조

3 (1) (왼쪽에서부터) 5, 3, 7, 4, 0, 0, 0, 0 / ＞ / 6, 1, 9, 8, 0, 0, 0
(2) (왼쪽에서부터) 4, 3, 2, 5, 0, 0, 0 / ＜ / 4, 3, 8, 2, 0, 0, 0

1 (2) ⑳ 136270000은 억 단위의 수(9자리 수)이고, 96420000
은 천만 단위의 수(8자리 수)이므로 136270000이
96420000보다 더 큽니다.

2 (2) ⑳ 86590000은 천만 단위의 수(8자리 수)이고
87940000도 천만 단위의 수(8자리 수)입니다. 천만
의 자리 수는 8로 같지만 백만의 자리 수는 6과 7로
6이 더 작으므로 86590000이 87940000보다 더 작
습니다.

표현하기
32~33쪽

스스로 정리

1 10000, 1000, 2, 10, 8, 1, 9, 오만 칠천이백팔십구 /
50000, 7000, 200, 80, 9

2 (위에서부터) 100만, 1000만, 100억, 1000억, 1조 /
10000, 10000

개념 연결

더 큰 수	100
더 작은 수	300

수의 크기 비교 $<$

⑳ ① 자리 수가 같은지 다른지 비교해 봅니다.
② 자리 수가 다르면 자리 수가 많은 수가 더 큽니다
③ 자리 수가 같으면 가장 높은 자리 수부터 차례로
비교하여 수가 큰 쪽이 더 큽니다.

---

1 ⑳ 10000은 9990보다 10 큰 수야.
10000은 9900보다 100 큰 수야.
10000은 9000보다 1000 큰 수야.

2 자리 수를 비교하니 왼쪽의 수는 10자리, 오른쪽의 수
는 9자리이므로 왼쪽의 수가 더 크다고 할 수 있어.
○ 안에는 >가 들어가.

선생님 놀이

1, 2 해설 참조

---

1 32000보다 크고 32400보다 작으므로 321□□이고 짝
수를 만들어야 하므로 4를 일의 자리에 두면 구하는 수는
32154입니다.

2 수에서 숫자 5가 나타내는 값은 ㉠ 오천 ㉡ 오백만 ㉢ 오만
㉣ 오십만 ㉤ 오만이므로 가장 큰 수는 ㉡ 오백만입니다.

단원평가 기본
34~35쪽

1 1000, 100, 10, 1

2 (1) 쓰기 82690000   읽기 팔천이백육십구만
(2) 쓰기 4705000000000000   읽기 사천칠백오조

3 90000＋1000＋200＋40＋3

4 (1) 40900000
(2) 256300000000

5 40000000

6 ㉢

7 (1) (순서대로) 5200000, 8200000, 9200000
(2) (순서대로) 145억, 165억

8 3억 8200만

9 0, 1, 2, 3, 4, 5

10 (1) $<$ (2) $>$ (3) $<$ (4) $>$

11 해설 참조 / 5개

12 해설 참조 / 10623457

---

2 (1) 만이 8269개인 수는 8269만입니다. 따라서 82690000
이라 쓰고, 팔천이백육십구만이라고 읽습니다.
(2) 조가 4705개인 수는 4705조입니다.
따라서 4705000000000000라 쓰고, 사천칠백오조라
고 읽습니다.

3 만의 자리 숫자는 9이므로 90000을, 천의 자리 숫자는 1이
므로 1000을, 백의 자리 숫자는 2이므로 200을, 십의 자리
숫자는 4이므로 40을, 일의 자리 숫자는 3이므로 3을 나타
냅니다. 따라서 91243을 각 자리의 숫자가 나타내는 값의
합으로 나타내면 91243＝90000＋1000＋200＋40＋3입
니다.

4 (1) 1000만이 4개, 10만이 9개인 수는 4090만입니다. 따라
서 40900000입니다.
(2) 1000억이 2개, 100억이 5개, 10억이 6개, 1억이 3개인
수는 2563억입니다. 따라서 256300000000입니다.

5 149203907에서 4는 천만의 자리 숫자이므로 40000000
을 나타냅니다.

6 각 수에서 천억의 자리 숫자를 알아보면
㉠ 83163283740000 → 1   ㉡ 2192728294000 → 1
㉢ 421043023500323 → 0   ㉣ 92184302390243 → 1
따라서 천억의 자리 숫자가 다른 것은 ㉢입니다.

7 (1) 6200000 – 7200000에서 백만의 자리 수가 1씩 커지
므로 100만씩 뛰어 센 것입니다.
(2) 125억 – 135억에서 십억의 자리 수가 1씩 커지므로 10
억씩 뛰어 센 것입니다.

8 3억 5200만 – 3억 6200만 – 3억 7200만 – 3억 8200만
이므로 3억 5200만에서 1000만씩 3번 뛰어 센 수는 3억
8200만입니다.

9 756932와 75□986은 십만의 자리, 만의 자리, 백의 자리
수가 서로 같고 십의 자리 수가 3<8이므로 □ 안에는 6보
다 작은 수가 들어갈 수 있습니다. 따라서 □ 안에 들어갈
수 있는 수는 5, 4, 3, 2, 1, 0입니다.

10 (1) 24538239 < 24558536
└─────3<5─────┘

(2) 542636895 > 84636895
9자리 수　　　　8자리 수

(3) 728만 6539 < 7302만 6923
7자리 수　　　　8자리 수

(4) 345조 5693만 > 342조 3949억
└───5>2───┘

11 육백사십억 팔백만 삼천구십칠은 640억 800만 3097이므
로 64008003097입니다. 따라서 0은 모두 5개입니다.

12 십만의 자리 숫자가 6인 8자리 수는
□□6□□□□□입니다. 가장 작은 수를 만들기 위해
서는 높은 자리부터 차례로 작은 수를 늘어놓으면 됩니다.
이때 가장 높은 자리에 0을 놓을 수는 없습니다. 따라서
10623457입니다.

3 각 수에서 숫자 4가 나타내는 값을 알아보면
㉠ 942813290 → 40000000
㉡ 63184720 → 4000
㉢ 27483 → 400
㉣ 10834 → 4
㉤ 38709241755 → 40000
따라서 숫자 4가 나타내는 값이 가장 큰 수는 942813290
입니다.

4 150만에서 30만씩 거꾸로 뛰어 세면 150만 – 120만 – 90
만 – 60만 – 30만 – 0이므로 빛은 약 5초 동안 이동했습
니다.

5 2020년 우리나라 청소년 인구는 8542000명입니다. 854만
2000은 팔백오십사만 이천이라고 읽습니다.

6 자리 수를 먼저 비교하면 다음과 같습니다.
수성: 57900000 → 8자리 수
금성: 108200000 → 9자리 수
목성: 778300000 → 9자리 수
지구: 1억 4960만 → 9자리 수
해왕성: 44억 9700만 → 10자리 수
토성: 1427000000 → 10자리 수
천왕성: 29억 → 10자리 수
화성: 2억 2800만 → 9자리 수
자리 수가 가장 큰 세 수 44억 9700만, 1427000000, 29억
을 높은 자리 수부터 차례로 비교하면 1<2<4이므로 가
장 큰 수는 44억 9700만입니다.

단원평가 심화　　　　　　　　　　　　　　36~37쪽

1 84500원　　**2** ㉡　　　　**3** ㉠
4 5초
5 바다 / 해설 참조
6 해왕성　읽기 사십사억 구천칠백만

---

1 50000원짜리 지폐 1장 → 50000원
10000원짜리 지폐 2장 → 20000원
1000원짜리 지폐 14장 → 14000원
100원짜리 동전 5개 → 500원
따라서 저금통에 들어 있는 돈은 모두 84500원입니다.

2 각 수에서 숫자 8이 나타내는 값을 알아보면
㉠ 942813290 → 800000
㉡ 63184720 → 80000
㉢ 27483 → 80
㉣ 10834 → 800
㉤ 38709241755 → 8000000000
따라서 숫자 8이 80000을 나타내는 수는 63184720입니다.

2단원 각도

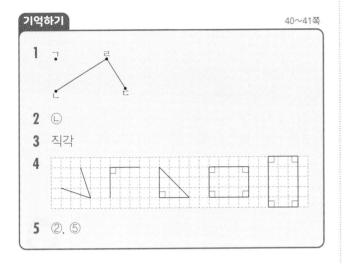

1

2 ㉡

3 직각

4

5 ②, ⑤

1 (1) 각 ㄱㄴㄷ 또는 각 ㄷㄴㄱ
   (2) 각 ㄱㄴㄷ 또는 각 ㄷㄴㄱ의 크기
   (3) 벌어진 정도를 숫자로 나타냅니다.

2 (1) 바다
   (2) 바다가 만든 부채의 벌어진 정도가 더 크기 때문입니다.
   (3) 해설 참조

3 (1)

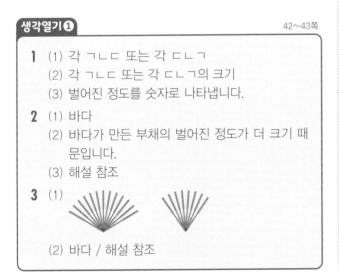

   (2) 바다 / 해설 참조

2 (3) ⑩ – 두 부채를 겹쳐 봅니다.
       – 각도기로 재어 봅니다.

3 (2) 바다가 만든 부채는 12칸, 강이가 만든 부채는 7칸이고, 이웃하는 두 부챗살이 이루는 각의 크기가 모두 같기 때문에 바다가 만든 부채의 벌어진 정도가 더 크다고 할 수 있습니다.

선생님의 참견

각의 크기를 어떻게 나타낼 수 있을지 생각해 보세요. 각의 벌어진 정도를 어떻게 나타내는지 알아보고, 각의 크기를 직관적으로 비교해요.

1 (1) 직각
   (2) 90

2 (1) 80
   (2) 각의 한 변을 각도기의 왼쪽 밑금에 맞추었으므로 왼쪽 0에서부터 얼마나 벌어졌는지를 확인합니다.

3 (1) 나, 가, 다
   (2) ⑩ 눈으로 비교해 보았더니 각의 크기가 나가 가장 작고, 다가 가장 컸습니다.
   (3) ⑩ 가와 다는 눈으로만 비교하기에는 혼동되었습니다.
   (4) 해설 참조

3 (4) ⑩ – 각도기로 각의 크기를 재어 비교합니다.
       – 투명 종이에 각을 본떠 비교합니다.

1 (1) 각도기, 자   (2)
   (3) ㄱ•   (4)

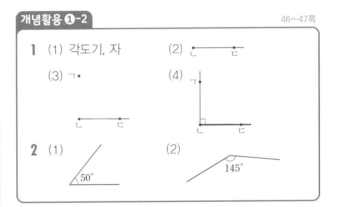

2 (1)   (2)

2 각도기의 중심에 한 점을 맞추고, 각도기의 밑금에 선을 맞춥니다. 각도기의 밑금에서 시작하여 각도가 50°, 145°가 되는 눈금에 점을 각각 표시한 다음, 각도기를 떼고 자를 이용하여 한 변을 그어 각을 완성합니다.

1 (1) 해설 참조
   (2) (왼쪽에서부터) 나, 가
   (3) (왼쪽에서부터) 95°, 85°

2 (1) 해설 참조
   (2) (왼쪽에서부터) 60°, 75°, 60°, 100°
   (3) (왼쪽에서부터) 60°(위쪽 시야), 75°(아래쪽 시야), 60°(안쪽 시야) / 100°(바깥쪽 시야)

1 (1) 어림하기이므로 가까운 각으로 어림하면 모두 정답으로 처리합니다. 단, 가는 90°보다 큰 각, 나는 90°보다 작은 각으로 어림합니다.

2 (1) 예 - 눈으로 위쪽을 볼 수 있는 범위는 60°입니다.
　　　 - 눈으로 아래쪽을 볼 수 있는 범위는 75°입니다.

선생님의 참견

각의 크기를 분류하는 기준을 세워요. 직각을 기준으로 생각하는 것이 자연스러워요.

개념활용 ❷-1
50~51쪽

1 (1) 해설 참조
　 (2) (왼쪽에서부터) 나, 다, 마 / 가, 라, 바
　 (3) (왼쪽에서부터) 100°, 35°, 85°, 95°, 50°, 135°

2 (왼쪽에서부터) 가, 나 / 다 / 라

3 (1) 예

37° 　　　 145°

　 (2) 예

60° 　　　 100°

1 (1) 어림하기이므로 가까운 각으로 어림하면 모두 정답으로 처리합니다.

생각열기 ❸
52~53쪽

1 (1) 해설 참조
　 (2) 75°
　 (3) 해설 참조
　 (4) 15°

2 (1) 360° / 해설 참조
　 (2) 360°
　 (3) 삼각형 또는 직각삼각형
　 (4) 180° / 해설 참조

1 (1) 예 두 부채의 두 각을 이어 붙입니다.
　 (3) 예 두 부채의 두 각을 맞대어 두 각의 차를 알 수 있습니다.

---

2 (1) 사각형 ㄱㄴㄷㄹ은 정사각형이므로 한 각의 크기는 90°입니다. 따라서 네 각의 크기의 합은 360°입니다.

　 (2) 정사각형 ㄱㄴㄷㄹ과 같은 사각형이므로 360°로 추측할 수 있습니다.

　 (3) 삼각형 ㄱㄴㄷ과 삼각형 ㄱㄹㄷ은 정사각형 ㄱㄴㄷㄹ을 쪼개어 만든 삼각형이므로 각 ㄱㄴㄷ과 각 ㄱㄹㄷ의 크기가 직각(90°)입니다.

　 (4) 예 사각형 ㄱㄴㄷㄹ의 네 각의 크기의 합이 360°이므로 사각형을 쪼개어 만든 삼각형의 세 각의 크기의 합은 180°입니다.

선생님의 참견

두 수를 더하고 빼듯이 각도의 합과 차도 구할 수 있을까요? 그 방법을 추측해 보세요.

개념활용 ❸-1
54~55쪽

1 (1) 해설 참조
　 (2) 55°
　 (3) 55°가 맞습니다.
　 (4) 해설 참조

2 (1) 해설 참조
　 (2) 40°
　 (3) 40°가 맞습니다.
　 (4) 해설 참조

1 (1) 두 각을 이어 붙였습니다.
　 (3) 각도기로 재어 55°임을 확인합니다.
　 (4) 자연수의 덧셈과 같이 계산합니다. 즉, 두 자리 수의 합을 구할 때처럼 30+25=55를 이용합니다.

2 (1) 두 각을 맞대었습니다.
　 (3) 각도기로 재어 40°임을 확인합니다.
　 (4) 자연수의 뺄셈과 같이 계산합니다. 즉, 두 자리 수의 차를 구할 때처럼 85-45=40을 이용합니다.

개념활용 ❸-2
56~57쪽

1 (1) 예 180°
　 (2) 180°

2 해설 참조

3 (1) 360°
　 (2) 360°

4 해설 참조

2 예 삼각형을 세 조각으로 잘라 세 꼭짓점이 한 점에 모이도록 이어 붙이면, 삼각형 세 각의 크기의 합은 180°임을 알 수 있습니다.

3 (2) 삼각형 세 각의 크기의 합은 180°이고, 사각형의 마주 보는 두 꼭짓점을 이으면 삼각형이 2개 생기므로 사각형의 네 각의 크기의 합은 삼각형 세 각의 크기의 합의 2배와 같습니다.

4 사각형을 네 조각으로 잘라 네 꼭짓점이 한 점에 모이도록 이어 붙이면, 사각형 네 각의 합은 360°임을 알 수 있습니다.

표현하기
58~59쪽

스스로 정리

1 직각(90°)을 똑같이 90으로 나눈 것 중 하나가 1도 이고 기호로 나타내면 1°입니다.

2 각도가 0°보다 크고 직각보다 작은 각을 예각이라 하고, 각도가 직각보다 크고 180°보다 작은 각을 둔각이라고 합니다.

3 180°, 360°

개념 연결

| 도형 | 직각삼각형: 한 각이 직각인 삼각형 |
| | 직사각형: 네 각이 모두 직각인 사각형 |

직각 표시하기

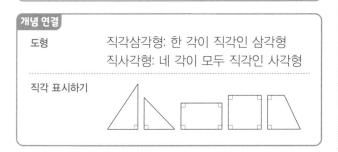

---

1 60° / 먼저, 각도기의 중심과 각의 꼭짓점을 맞춰. 그다음 각도기의 밑금과 각의 한 변을 맞추고, 각도기의 밑금과 각의 한 변이 만난 쪽의 눈금에서 시작해 각의 나머지 변이 각도기의 눈금과 만나는 부분을 읽으면 돼.

2 예

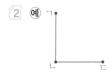

먼저, 자로 각의 한 변 ㄴㄷ을 그려. 그다음 각도기의 중심과 점 ㄴ을 맞추고, 각도기의 밑금과 변 ㄴㄷ을 맞춰. 이제 각도기의 밑금에서 시작해 각도가 90° 되는 눈금에 점 ㄱ을 표시하고, 자로 변 ㄱㄴ을 그어. 각도가 90°인 각 ㄱㄴㄷ이 완성됐지.

선생님 놀이

1, 2 해설 참조

1 세 각의 크기를 더하면 108°+72°+60°=240°이고, 사각형의 네 각의 크기의 합은 360°이므로, 남은 한 각의 크기는 360°−240°=120°입니다.

2 시계에는 숫자가 12개 있고, 시곗바늘이 시계 한 바퀴를 돌면 360°이므로 360°를 12로 나누면 연이은 두 숫자 사이의 각도가 30°인 것을 알 수 있습니다. 2시일 때의 각도는 30°의 2배인 60°이고, 3시 30분일 때의 각도는 30°의 2배인 60°에 30°의 반인 15°를 더한 75°입니다. 따라서 두 각의 크기의 합은 60°+75°=135°이고, 두 각의 크기의 차는 75°−60°=15°입니다.

단원평가 기본
60~61쪽

1 140°

2 ㉡, ㉠, ㉢

3 나, 라, 가, 다

4 ⑤

5 ( )(○)

6 (왼쪽에서부터) 20°, 61° / 90° / 100°, 94°, 155°

7 (1) 48°
(2) 77°
(3) 220°

8 85, 40, 45

9 62°

10 해설 참조

11 110 / 해설 참조

12 (위에서부터) 2, 180°, 2, 360°

---

1 각의 한 변이 바깥쪽 눈금 0에 맞춰져 있으므로 바깥쪽 눈금을 읽습니다.

2 각의 벌어진 정도가 클수록 큰 각입니다.

3 자를 이용하여 각의 한 변 ㄱㄴ을 그립니다.
각도기의 중심과 점 ㄱ을 맞추고, 각도기의 밑금과 각의 한 변 ㄱㄴ을 맞춘 다음, 각도기의 밑금에서 시작하여 각도가 70°가 되는 눈금에 점 ㄷ을 표시합니다.
각도기를 떼고, 자를 이용하여 변 ㄱㄷ을 그어 각도가 70°인 각 ㄷㄱㄴ을 완성합니다.

4 예각은 0°보다 크고 90°보다 작은 각입니다.

5 두 각을 겹쳐서 비교해 보면 오른쪽 각의 크기가 더 작다는 것을 알 수 있습니다.

6 예각은 0°보다 크고 90°보다 작은 각이며, 직각은 90°, 둔각은 90°보다 크고 180°보다 작은 각입니다.

7 자연수의 덧셈, 뺄셈과 같이 계산하여 두 각의 합과 차를 구합니다.

8 각도의 차는 자연수의 뺄셈과 같습니다.

9 삼각형의 세 각의 크기의 합은 180°임을 이용하여 나머지 두 각의 크기의 합을 구합니다.

10 예 – 세 각의 크기를 각도기로 각각 재고 더하면 70°+60° +50°=180°입니다.
　　－삼각형을 세 조각으로 잘라 세 꼭짓점이 한 점에 모이도록 이어 붙이면 곧은 선으로 이어지므로 180°가 됩니다.

11 사각형의 네 각의 크기의 합은 360°이므로
　　□+110°+80°+60°=360°입니다. 따라서 □=110°입니다.

4 9시 5분에 줄넘기를 시작하여 25분 후에 운동을 마쳤으므로 운동을 끝마친 시각은 9시 30분이고, 이때 두 바늘이 이루는 작은 각은 직각보다 크므로 둔각입니다.

5 55°+15°=70°, 55°−15°=40°

6 사각형 네 각의 크기의 합은 360°인데, 산이가 잰 네 각의 크기의 합은 350°입니다.

7 ㉠=90°−70°=20°
　　㉡=180°−100°−55°=25°
　　㉠과 ㉡의 각도의 합은 45°입니다.

단원평가 심화

62~63쪽

1 해설 참조		**2** 40°, 35°	
3 틀립니다에 ○표 / 해설 참조			
4 해설 참조 / 둔각		**5** 해설 참조 / 70°, 40°	
6 산 / 해설 참조		**7** 해설 참조 / 45°	

1 하늘이는 각도를 잘못 읽었습니다. 각도기에서 숫자 0이 위치한 밑금과 맞닿은 왼쪽 변에서 시작하여 벌어진 정도를 재어야 하므로, 45°가 아니라 바깥쪽 눈금 135°를 읽어야 합니다.

2 각도기의 밑금과 맞닿은 선분에서 시작하여 벌어진 정도를 재어 보면 ㉠의 각도는 40°입니다. ㉡의 각도는 눈금 0에서 시작하여 눈금 75까지의 선분 사이의 벌어진 정도와 눈금 0에서 눈금 40까지의 선분 사이의 벌어진 정도의 차이를 생각하면 75°−40°=35°임을 알 수 있습니다.

3 각의 크기는 변의 길이와 상관없으며, 각이 벌어진 정도가 클수록 각의 크기가 큽니다.

기억하기   66~67쪽

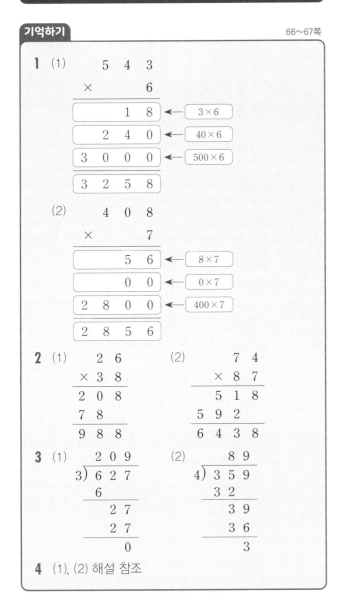

1 (1)
```
        5 4 3
    ×       6
    ─────────────
            1 8  ← 3×6
          2 4 0  ← 40×6
        3 0 0 0  ← 500×6
    ─────────────
        3 2 5 8
```
(2)
```
        4 0 8
    ×       7
    ─────────────
          5 6  ← 8×7
          0 0  ← 0×7
        2 8 0 0  ← 400×7
    ─────────────
        2 8 5 6
```

2 (1)
```
        2 6
    ×   3 8
    ─────────
        2 0 8
        7 8
    ─────────
        9 8 8
```
(2)
```
        7 4
    ×   8 7
    ─────────
        5 1 8
      5 9 2
    ─────────
      6 4 3 8
```

3 (1)
```
          2 0 9
      3 ) 6 2 7
          6
          ─────
            2 7
            2 7
          ─────
              0
```
(2)
```
           8 9
      4 ) 3 5 9
          3 2
          ─────
            3 9
            3 6
          ─────
              3
```

4 (1), (2) 해설 참조

4 (1) $3×19=57 → 57+2=59$,
58이 아니므로 잘못 계산했습니다.

(2) $7×22=154 → 154+3 =157$,
나누어지는 수 157과 같으므로 바르게 계산했습니다.

생각열기 ❶   68~69쪽

1, 2   해설 참조

1 (1) ⟨예⟩ –256개씩 20통이므로 $256×20$입니다. $256×2$는
5120이고 $256×20$은 $256×2$의 10배이므로, 곱
도 10배가 됩니다. 따라서 5120개입니다.

– 256개씩 20통이므로 256개씩 10통을 먼저 구
합니다. 256개씩 10통은 2560개이고 20통은
$2560+2560$이므로 5120개입니다.

– 256을 20번 더합니다.
```
    –   2 5 6           2 5 6
      ×     2  ➡   ×   2 0
      ─────────       ─────────
        5 1 2         5 1 2 0
```

(2) (위에서부터) ⟨예⟩ $256+256$을 계산하여 512를 구합니다.
2통이 512개이므로 20통은 512의 10배입니다. 따라서
5120개입니다.

2 (1) –종이컵이 하나 늘어날 때마다 6 mm씩 높아집니다.
그런데 종이컵을 2개 쌓으면 6 mm, 종이컵을 3개
쌓으면 12 mm가 늘기 때문에 늘어난 높이는 $239×6$,
즉 1434 mm가 늘어납니다. 여기에 맨 처음 종이
컵 높이가 74 mm가 있기 때문에 종이컵 240개의 높
이는 $1434+74=1508$(mm)입니다. 1508 mm는
150 cm 8 mm입니다.

6 mm
6 mm
68 mm

첫번째 컵의 높이를 6 mm
와 68 mm로 나누면 1개일
때 $6×1$, 2개일 때 $6×2$로
구할 수 있습니다.

240개일 때 $6×240=1440$(mm)입니다.
$1440+68=1508$(mm)
즉, 150 cm 8 mm가 됩니다.

(2) ⟨예⟩ –강이네 반 학생 수는 27명이므로, 240개씩 27명
이 사용하는 것으로 계산하면 $240×27$입니다. 먼
저 20명이 사용하는 것을 계산하면 $240×20$이므
로, 4800개이고 여기에 7명이 사용하는 것을 더
합니다. $240×7$은 1680개이므로 $4800+1680$은
6480(개)입니다.
```
    –   2 4 0           2 4 0
      ×   2 0         ×     7    ➡  4800+1680=6480
      ─────────       ─────────
        4 8 0 0         1 6 8 0

    –   2 4 0
      ×   2 7
      ─────────
        1 6 8 0
        4 8 0 0
      ─────────
        6 4 8 0
```

선생님의 참견

이전 학년에서 배운 (세 자리 수)×(한 자리 수), (두 자리 수)
×(두 자리 수)의 방법을 이용해 (세 자리 수)×(두
자리 수)의 곱셈 방법을 알아내요.

1 ~ 5 해설 참조

1 $256 \times 2 = \boxed{512}$　　　$256 \times \boxed{20} = \boxed{5120}$

　　　　　　　　　　　　　$\boxed{10}$ 배

2 예 256×2와 256×20은 곱해지는 수가 256으로 같습니다. 계산할 때 256×20도 256×2를 계산해야 하기 때문에 세 자리 수에 한 자리 수 곱하기를 해야 합니다. 256×20은 256×2의 10배가 되기 때문에 계산 결과도 10배가 됩니다.

3

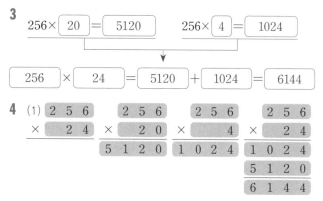

$256 \times \boxed{20} = \boxed{5120}$　　　$256 \times \boxed{4} = \boxed{1024}$

$\boxed{256} \times \boxed{24} = \boxed{5120} + \boxed{1024} = \boxed{6144}$

4 (1)
```
  2 5 6        2 5 6        2 5 6          2 5 6
×   2 4      ×   2 0      ×     4        ×   2 4
             5 1 2 0      1 0 2 4        1 0 2 4
                                         5 1 2 0
                                         6 1 4 4
```

(2) 예 256×24는 256을 24번 더하는 것인데 $24 = 20 + 4$이므로 256×20과 256×4로 나누어 계산하고 더하는 것과 같습니다. 이때 십의 자리를 먼저 곱해도 되고, 일의 자리를 먼저 곱해도 상관이 없습니다.

5
```
      4 3 6
×       3 8
      3 4 8 8
    1 3 0 8
    1 6 5 6 8
```

예 두 자리 수를 십의 자리 수와 일의 자리 수로 나누어 각각 세 자리 수에 곱합니다. 먼저, 세 자리 수에 일의 자리 수를 곱한 결과를 쓰고, 세 자리 수에 십의 자리 수를 곱한 결과를 씁니다. 끝으로 일의 자리 수를 곱한 결과와 십의 자리를 곱한 결과를 서로 더합니다.

1 (1) 240개

　　(2), (3) 해설 참조

2 (1)~(5) 해설 참조

1 (1) 24개 학급에 10개씩 나눠 주려면 $24 \times 10 = 240$이므로 240개가 필요합니다.

(2) 24개 학급에 20개씩 나눠 주려면 $24 \times 20 = 480$이므로 480개가 필요하고 24개 학급에 30개씩 나눠 주려면 $24 \times 30 = 720$이므로 720개가 필요합니다.

(3) 예 −24개 학급에 학급당 20개씩 나눠 주려면 480개가 필요하고, $565 - 480 = 85$이므로 85개가 남습니다. 85개를 24학급에 나눠 주면 $85 \div 24$를 하면 몫이 3이고 나머지는 13입니다. $20 + 3 = 23$이므로 23개씩 나눠 주면 13개가 남습니다.

　　 −24개 학급에 학급당 20개씩 주면 480개, 21개씩 주면 504개, 22개씩 주면 528개, 23개씩 주면 552개가 필요합니다. 24개씩 주면, 576개가 필요합니다. 24개씩 주면 배지가 더 필요하기 때문에 23개씩 주면 됩니다.

2 (1) 예 20권씩 30묶음을 만들었다고 보면 600권을 묶게 된 것이고 723권에서 600권을 빼면, 123권이 남습니다. 123권으로 20권씩 6묶음을 더 만들 수 있으므로 모두 36묶음을 만들고, 3권이 남습니다.

(2) 예 25권씩 30묶음을 만들었다고 보면 750권을 묶게 된 것인데 723권만 있기 때문에 30묶음을 만들 수는 없습니다. 25권씩 20묶음을 만들면, 500권입니다. 723권에서 500권을 빼면 223권이 남고 223권으로 25권씩 8묶음을 더 만들 수 있으므로 모두 28묶음을 만들고, 23권이 남습니다

(3) 예 1권씩 15묶음에 넣으면 15권이 필요하고, 10권씩 넣으면 150권이 필요합니다. 같은 방법으로 20권씩 넣을 때 300권, 30권씩 넣을 때 450권, 40권씩 넣을 때 600권이 필요합니다. 식으로 간단히 정리하면 다음과 같습니다. $30 \times 15 = 450$, $40 \times 15 = 600$, $45 \times 15 = 675$, $48 \times 15 = 720$, $49 \times 15 = 735$

따라서 48권씩 15묶음에 720권을 넣으면 됩니다. 3권이 남습니다.

(4) 예 20권씩 30묶음에 넣으면 $20 \times 30 = 600$이고, 마찬가지 방법으로 계산하면

$21 \times 30 = 630$, $22 \times 30 = 660$, $23 \times 30 = 690$, $24 \times 30 = 720$이 됩니다.

따라서 24권씩 30묶음에 720권을 넣으면 되고 3권이 남습니다.

(5) 예 같은 점: 모두 723을 20, 25, 15, 30으로 나누는 문제입니다. 묶음의 수 또는 묶음 속의 책의 수를 알아내기 위해서는 곱셈을 해야 합니다.

다른 점: 20권, 25권씩 묶는 문제에서는 묶음의 수를 구하고 15묶음, 30묶음으로 묶는 문제에서는 묶음 속에 들어가는 책의 수를 구합니다.

이전 학년에서 배운 (세 자리 수)÷(한 자리 수)를 이용하여 (세 자리 수)÷(두 자리 수)의 나눗셈 방법을 알아내요. 나눗셈의 계산 원리를 발견하려고 노력해 보세요.

(4)

$$36) \overline{\begin{array}{r} \quad\ 8 \\ 2\ 9\ 2 \\ \hline 2\ 8\ 8 \\ \hline \quad\ 4 \end{array}}$$

개념활용 ❷-1   74~75쪽

1 (1) 18÷2, 180÷20
   (2) 해설 참조
   (3) 해설 참조

2 (1) 180개
   (2) 360개
   (3) 8봉지, 해설 참조
   (4) 해설 참조

---

1 (1) 빵 18개를 2개씩 나누어 담으므로 18÷2입니다. 사탕 180개를 20개씩 나누어 담으므로 180÷20입니다.

(2)

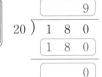

(3) ⑩ 같은 점: 두 식 모두 18÷2를 계산하면 몫을 구할 수 있고 몫이 모두 9입니다.
다른 점: 나누어지는 수가 10배 차이이고 나누는 수도 10배 차이가 납니다.

2 (1) 36개씩 5봉지이므로, 36×5＝180(개)입니다.

(2) 36개씩 10봉지이므로, 36×10＝360(개)가 필요합니다.

(3) ⑩ 5봉지에는 180개를 넣을 수 있고, 10봉지에는 360개를 넣을 수 있기 때문에 5봉지와 10봉지 사이에 구하고자 하는 봉지 수가 있습니다.
36×6＝216
36×7＝252
36×8＝288
36×9＝324
따라서 8봉지에 넣을 수 있고, 4개가 남습니다.

개념활용 ❷-2   76~77쪽

1 (1) 270개
   (2) 540개
   (3) 25봉지 / 해설 참조
   (4) 해설 참조
   (5) 해설 참조

2 (1), (2) 해설 참조

3 (1) 몫: 12, 나머지: 15
   (2) 몫: 24, 나머지: 0
   (3) 몫: 43, 나머지: 12

---

1 (1) 27×10＝270(개)

(2) 27×20＝540(개)

(3) 27개씩 20봉지에 넣으면 540개이므로 20봉지보다 더 많이 넣을 수 있습니다.
27×21＝567
27×22＝594
27×23＝621
27×24＝648
27×25＝675
27×26＝702
685개가 넘지 않으려면 25봉지에 넣어야 하고 10개가 남습니다.

(4)

$$27) \overline{\begin{array}{r} 2\ 5 \\ 6\ 8\ 5 \\ \hline 5\ 4\ 0 \\ \hline 1\ 4\ 5 \\ \hline 1\ 3\ 5 \\ \hline 1\ 0 \end{array}}$$

(5) 봉지에 나누어 넣고 남은 나머지입니다. /
나누는 수와 몫을 곱하면 27×25＝675이고 675에 나머지 10을 더하면 685인데 이는 나누어지는 수와 같습니다. 따라서 몫과 나머지를 정확하게 구했습니다.

2 (1) ⑩ 34: 892÷26을 계산하여 나온 몫입니다.
78: 이 수의 실제 값은 780으로 26×30의 결과입니다. 26개씩 30봉지에 넣은 사탕의 수입니다.

112: 892−780으로 나온 결과입니다. 전체 사탕의 수에서 30봉지에 넣고 남은 사탕의 수입니다.

104: 26×4로 나온 결과입니다. 26개씩 4봉지에 넣은 사탕의 수를 나타냅니다.

8: 892에서 26×34의 값 884를 뺀 값으로 나머지라고 합니다. 사탕 892개 중 봉지에 넣지 못하고 남은 사탕의 수입니다.

(2) ⓔ 892÷26의 몫은 34이고 나머지는 8입니다. 봉지의 수는 몫이 되고, 봉지에 넣은 사탕의 수는 한 봉지에 넣은 사탕의 수와 봉지의 수의 곱입니다. 나머지는 봉지에 넣지 못한 사탕의 수입니다. / 나누는 수 26과 몫 34의 곱은 884입니다. 884에 나머지 8을 더한 수는 892이고, 892는 나누어지는 수인 처음의 수와 같습니다.

3 (1) 639÷52=12 ⋯ 15

(2)
```
      2 4
37) 8 8 8
    7 4
    1 4 8
    1 4 8
        0
```

(3)
```
      4 3
16) 7 0 0
    6 4
      6 0
      4 8
      1 2
```

78~79쪽

표현하기

스스로 정리

1 (1) 487×24=487×20+487×4
　　　　 =9740+1948=11688

(2)
```
      4 8 7
    ×   2 4
    1 9 4 8
    9 7 4
  1 1 6 8 8
```

2 (1)
```
      4 1       몫: 41
23) 9 5 6      나머지: 13
    9 2
      3 6
      2 3
      1 3
```

(2) 23×41=943, 943+13=956

개념 연결

곱셈
ⓔ ① 234+234+234=702
② 200×3+30×3+4×3
　=600+90+12=702
③
```
      2 3 4
    ×     3
      7 0 2
```

곱셈과 나눗셈의 관계
(1) ◇÷□=△, ◇÷△=□
(2) ♡×◆=■, ◆×♡=■

1 ⓔ
```
      6 0 3
    ×   5 7
    4 2 2 1
  3 0 1 5 0
  3 4 3 7 1
```

57을 50+7로 나누어 603×7=4221, 603×50=30150으로 각각 계산한 다음 둘을 더하면 34371이야.

2 ⓔ
```
      4 3
21) 9 0 8
    8 4
      6 8
      6 3
        5
```

21×40=840, 21×50=1050이므로 40을 몫으로 계산하면 68이 남아. 21×3=63, 21×4=84이므로 3을 몫으로 계산하면 5가 남아. 몫은 43, 나머지는 5야.

선생님 놀이

1 12474원 / 해설 참조
2 16대 / 해설 참조

1 가구당 27원이 절약되므로 아파트 전체에서 하루에 절약하는 전기 요금은 462×27을 계산하면 12474원입니다.

2 한 번에 20명이 탈 수 있으므로 318÷20을 계산하면 몫이 15, 나머지가 18입니다. 나머지 18명도 한 대가 필요하므로 케이블카는 적어도 16대가 필요합니다.

1 (1) 4320, 43200
　(2) 40, 4
　(3) 1280, 12800
　(4) 80, 8

2 (1) 22272
　(2) 몫: 8, 나머지: 20
　(3) 2048
　(4) 몫: 23, 나머지: 6

3 해설 참조

4 ㉡, ㉢, ㉣, ㉠

5 (1) 28, 29, 30
　(2) 26, 27, 28, 29

6 (1) $80 \times 90 = 7200$, 몫이 틀렸습니다.
　　몫: 9
　(2) $19 \times 17 = 323 \rightarrow 323 + 14 = 337$,
　　몫과 나머지가 맞았습니다.
　(3) $37 \times 15 = 555 \rightarrow 555 + 70 = 625$,
　　625로 나누어지는 수와 같으나 몫과 나머지가
　　틀렸습니다.
　　몫: 16, 나머지: 33

7 (1) 28, 14
　(2) 36, 17

8 약 4284 kg

9 11명

10 (1) 약 1200 km
　　(2) 약 20배

---

4 ㉠ $257 \times 24 = 6168$　　㉡ $321 \times 28 = 8988$
　㉢ $283 \times 30 = 8490$　　㉣ $429 \times 18 = 7722$

5 (1) 계산한 결과가 9000보다 크고, 10000보다 작아야 합니다.
　$324 \times 31 = 10044$
　$324 \times 30 = 9720$
　$324 \times 29 = 9396$
　$324 \times 28 = 9072$
　$324 \times 27 = 8748$
　따라서, □에는 28, 29, 30이 들어갈 수 있습니다.

　다른 방법
　$324 \times 30 = 9720$입니다.
　9720보다 300이 크면 10000이 넘으므로 31을 곱하면
　10000이 넘는 것을 알 수 있습니다.
　324의 2배는 640쯤 되는데 9720에서 640을 빼면
　9000보다 큽니다. 따라서, 324×28은 9000보다 클 것
　을 예상할 수 있습니다. 그래서, $324 \times 27 = 8748$을 구
　해 27을 곱하면 9000보다 작다는 것을 확인합니다.

　(2) $500 \div 20 = 25$이고 $600 \div 20 = 30$입니다.
　　따라서 $25 < □ < 30$에 알맞은 수를 구합니다.
　　26, 27, 28, 29가 □에 알맞습니다.

6 (1) $80 \times 90 = 7200$이므로 틀린 계산입니다.
　　$720 \div 80 = 9$이므로 몫은 9입니다.
　(2) 몫 17과 나누는 수 19의 곱은 323이고 323에 나머지
　　14를 더하면 337입니다. 나누어지는 수와 같으므로 몫
　　과 나머지를 정확하게 구했습니다.
　(3) 몫 15와 나누는 수 37의 곱은 5555이고 555에 나머지
　　70을 더하면 625입니다. 나누어지는 수와 같아서 몫과
　　나머지를 정확하게 구한 것 같지만 나머지가 나누는 수
　　보다 크기 때문에 틀린 계산입니다. 몫을 1만큼 크게
　　할 수 있으므로, 몫은 16이고 나머지는 33입니다.

7 (1) $27 \times □ = 756$이므로 □는 $756 \div 27 = 28$입니다.
　　그리고 $756 \div □ = 54$이므로 □는 $756 \div 54 = 14$입니다.
　(2) $864 \div □ = 24$이므로 □는 $864 \div 24 = 36$입니다.
　　그리고 $24 \times □ = 408$이므로 □는 $408 \div 24 = 17$입니다.

8 1명이 약 153 kg을 사용하므로 28명은
　약 $153 \times 28 = 4284$(kg)을 사용합니다.

9 나누는 단위가 cm이므로 5 m를 cm 단위 500 cm로 바
　꿉니다. $500 \div 45 = 11$(명)…5
　11명에게 나누어 주고, 5 cm가 남습니다.

10 (1) 1분에 약 20 km 가고 1시간은 60분이므로
　　$20 \times 60 = 1200$, 약 1200 km를 갑니다.
　(2) 비행기의 속력은 1200 km이고 자동차의 속력은
　　60 km이므로 $1200 \div 60 = 20$(배)입니다.

---

2 (1)
```
      4 6 4
  ×     4 8
  ─────────
      3 7 1 2
    1 8 5 6
  ─────────
    2 2 2 7 2
```

(2)
```
          8
  35) 3 0 0
      2 8 0
  ─────────
        2 0
```
몫: 8
나머지: 20

(3)
```
      1 2 8
  ×     1 6
  ─────────
      7 6 8
    1 2 8
  ─────────
    2 0 4 8
```

(4)
```
        2 3
  27) 6 2 7
      5 4
  ─────────
        8 7
        8 1
  ─────────
          6
```
몫: 23
나머지: 6

3 (1)
```
      5 2 9
  ×     4 3
  ─────────
    1 5 8 7
  2 1 1 6
  ─────────
  2 2 7 4 7
```

(2)
```
          2 7
  28) 7 8 3
      5 6
  ─────────
      2 2 3
      1 9 6
  ─────────
        2 7
```

1 (1) 16   (2) 1600   (3) 6400

   (4) 240, 15

2 라, 씨앗을 받은 친구는 12명이었습니다.

3 해설 참조

4 142장 / 해설 참조

5 280회 / 해설 참조

6 48권, 146권 / 해설 참조

---

1 (1) 큰 수에서 작은 수를 나눈 몫이 16이므로 작은 수가 1이면 큰 수는 16입니다. 그러므로 두 수의 곱은 16입니다.

(2) 작은 수가 10이면 큰 수는 160이므로 두 수의 곱은 1600입니다.

(3) 작은 수가 20이면 큰 수는 320이므로 두 수의 곱은 6400입니다.

(4) 작은 수가 10이고 큰 수가 160일 때 두 수의 곱은 1600입니다. 작은 수가 20이고 큰 수가 320일 때 두 수의 곱은 6400입니다. 두 수의 곱이 3600일 때 작은 수는 10과 20 사이에 있습니다.

(작은 수)×16=(큰 수) → (큰 수)×(작은 수)=3600

$10 \times 16 = 160 \rightarrow 160 \times 10 = 1600$

$11 \times 16 = 176 \rightarrow 176 \times 11 = 1936$

$12 \times 16 = 192 \rightarrow 192 \times 12 = 2304$

$13 \times 16 = 208 \rightarrow 208 \times 13 = 2704$

$14 \times 16 = 224 \rightarrow 224 \times 14 = 3136$

$15 \times 16 = 240 \rightarrow 240 \times 15 = 3600$

작은 수가 15이고, 큰 수가 240일 때 조건에 맞습니다.

다른 방법

(큰 수)÷(작은 수)=16이므로 (큰 수)=(작은 수)×16입니다.

문제에서 (큰 수)×(작은 수)=3600이므로,

(작은 수)×(작은 수)×16=3600입니다.

결국 (작은 수)×(작은 수)=3600÷16=225입니다. 같은 두 수를 곱해 225가 되는 수는 15×15이므로 작은 수는 15이고, 큰 수는 15×16=240입니다.

2 가. 235×20=4700(타)

나. 500÷24=20…20

    24×20=480, 480+20=500

다. 16×45=720, 720+80=800

    800÷16=45 … 80

나머지가 나누는 수보다 크기 때문에 나눗셈을 잘못 계산한 것으로 생각할 수 있지만, 16명에게 45개씩 나눠 줬으므로 문제가 없습니다. 블록을 넉넉하게 구입한 것입니다.

라. 30개씩 나누고 5개씩 더 줬기 때문에 35개씩 나눠 준 것입니다.

450÷35=12…30

12명에게 나눠 주고 30개가 남기 때문에 이 부분이 잘못되었습니다.

3 (1)

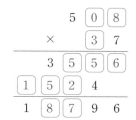

㉠: 일의 자리 수는 6입니다.

㉡: 7에 어떤 수를 곱해 일의 자리 수가 6이 나올 수 있는 수는 8입니다.

㉢: 4를 더해 9가 나올 수 있는 수는 5입니다.

㉣: ㉢과 ㉠이 5, 6이므로 ㉣은 0이어야 합니다.

㉤: 500×70이므로 ㉤은 5여야 합니다.

㉥: ㉥이 1이면 10000이 나올 수 없고 2이면 500×20, 3이면 500×30으로 10000을 넘을 수 있습니다. 4이면 500×40으로 20000이 넘어가기 때문에 ㉥은 2 또는 3입니다. ㉡의 8과 곱해 일의 자리 수가 4가 나와야 하므로 ㉥은 3입니다.

```
      5  0  8
   ×     3  7
   3  5  5  6
1  5  2  4
1  8  7  9  6
```

(2)

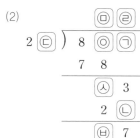

㉠: 일의 자리 수가 3이므로 ㉠은 3입니다.

㉡: 일의 자리 수 3에서 어떤 수를 뺐을 때 7이 나오려면 6이 들어가야 합니다.

㉢: ㉡이 6이면 나누는 수가 26이 되므로, ㉢은 6입니다.

㉣: ㉡ 6, ㉢ 6이므로 몫의 일의 자리 수는 1입니다.

㉤: ㉤과 나누는 수의 곱이 78이 되려면 ㉤은 3이어야 합니다.

㉥: ㉥은 0 또는 1일 수 있습니다. 2가 들어가면 나누는 수보다 커지기 때문입니다. 0일 경우 ㉦은 3, ㉧은 1이 됩니다. 그러나 나머지를 07이라고 쓰지 않기 때문에 ㉥은 1이고 자연스럽게 ㉦은 4, ㉧은 2가 됩니다.

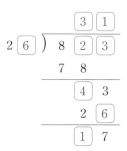

4 $125 \times 25 = 3125$이므로 색상지는 모두 3125장입니다.
$3125 \div 22 = 142 \cdots 1$이므로 22학급에 나눠 주면 한 학급에 142장씩 돌아가고 1장이 남습니다.

5 1년 365일 동안 20일마다 10회씩 늘어나면
$365 \div 20 = 18 \cdots 5$이므로 18번 늘어납니다. 나머지로 5일이 남지만 20일이 안 되기 때문에 늘어나는 데 상관이 없습니다. 10회씩 18번 늘어나기 때문에 다음해 1월 1일에는 100회에 180회를 더한 280회를 하게 됩니다. 1년을 366일로 하더라도 남는 날의 수가 6일이므로 횟수는 똑같습니다.

6 365일 동안 2시간씩 책을 읽으면 $365 \times 2 = 730$이므로 730시간 읽게 됩니다. 5시간 걸리는 책만 읽을 때 책을 가장 많이 읽고, 15시간 걸리는 책만 읽을 때 읽는 책을 가장 적게 읽습니다.
$730 \div 5 = 146 \cdots 0$
$730 \div 15 = 48 \cdots 10$
따라서 최소 48권, 최대 146권을 읽게 됩니다.

4단원 평면도형의 이동

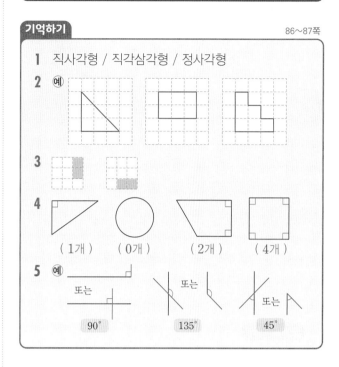

2 모눈 안에서 도형의 위치가 달라도 됩니다.
5 이 외에 선분이 만나서 주어진 각도의 각을 이루면 됩니다.

생각열기 ❶
88~89쪽

1 (1) 강이는 ⬒을 오른쪽으로 밀어서 옮겼습니다.

　　(2) ⬒을 아래로 뒤집어 놓았습니다. / ⬒을 위로 뒤집어 놓았습니다.

　　(3) ⬒을 시계 반대 방향으로 180도 돌려놓았습니다. / ⬒을 시계 방향으로 180도 돌려놓았습니다. / ⬒을 오른쪽(또는 왼쪽)으로 뒤집고, 이어서 위(또는 아래)로 뒤집었습니다.

2 (1), (2) 해설 참조
3 해설 참조

1 (1) ⬒의 모양이 변하지 않았습니다.

　　(2) ⬒의 위와 아래가 바뀌어 ⬒의 위쪽이 아래, 아래쪽이 위가 되었지만 왼쪽과 오른쪽은 그대로이므로 위나 아래로 뒤집기 방법입니다.

　　(3) ⬒의 위, 아래와 왼쪽, 오른쪽이 바뀌었으므로 도형을 위나 아래로 뒤집고 좌우로 뒤집은 방법입니다.

2 (1) 예 ◨을 왼쪽으로 뒤집거나 오른쪽으로 뒤집으면 ◨이 되어 원래의 도형과 모양이 같습니다.

　　(2) 예 ◨을 시계 방향으로 한 바퀴 돌리거나, 시계 반대 방향으로 한 바퀴 돌리면 원래의 도형과 모양이 같습니다.

3 강이는 원래의 도형을 밀어서 옮겼고, 산이는 뒤집어서 놓았으며, 하늘이는 돌려놓았습니다. 강이처럼 원래의 도형을 밀어서 옮길 때 도형의 모양은 그대로이고, 도형의 위치만 바뀝니다. 산이처럼 도형을 뒤집는 경우, 왼쪽이나 오른쪽으로 뒤집으면 도형의 왼쪽과 오른쪽이 바뀌고, 위쪽이나 아래쪽으로 뒤집으면 도형의 위와 아래가 바뀝니다. 원래의 도형과는 다른 도형이 나옵니다. 하늘이처럼 돌려놓는 경우는, 시계 방향으로 돌릴 때는 도형이 오른쪽으로 누워 돌아가고, 시계 반대 방향으로 돌릴 때는 도형이 왼쪽으로 누워 돌아갑니다. 한 바퀴를 돌리면 원래의 도형과 모양이 똑같아집니다.

선생님의 참견

평면도형을 밀고, 뒤집고, 돌리면서 도형이 어떻게 움직이는지 관찰해요. 관찰하면서 도형이 변하는 규칙을 찾아보세요.

개념활용 ❶-1　　　　　　90~91쪽

1 (1) 예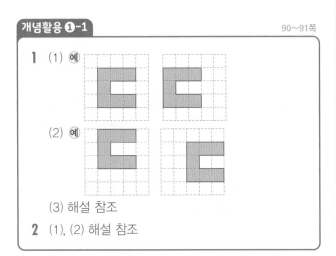

　　(2) 예

　　(3) 해설 참조

2 (1), (2) 해설 참조

---

1 (1) ⊏ 모양이면 정답으로 인정합니다.

　　(2) ⊏ 모양이면 정답으로 인정합니다.

　　(3) 예 ⊏을 왼쪽, 오른쪽, 위쪽, 아래쪽으로 밀어도 ⊏ 모양은 그대로이고 위치만 바뀝니다.

---

2 (1) 예 ∧의 각 꼭짓점을 화살표 방향으로 6 cm만큼 이동하여 표시하고 도형을 그립니다.

　　(2)

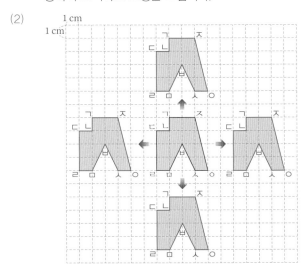

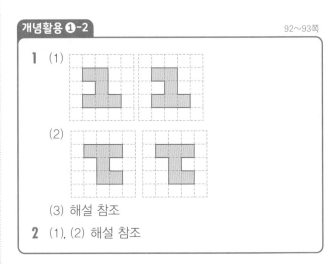

개념활용 ❶-2　　　　　　92~93쪽

1 (1)

　　(2)

　　(3) 해설 참조

2 (1), (2) 해설 참조

---

1 (3) 예 ⊥을 왼쪽, 오른쪽으로 뒤집으면 ⊥이 되고, 위, 아래로 뒤집으면 ⊤이 됩니다. 뒤집기를 할 때는 왼쪽, 오른쪽으로 뒤집은 모양이 같고, 위, 아래로 뒤집은 모양이 같습니다.

2 (1) 왼쪽이나 오른쪽으로 뒤집을 때는 꼭짓점의 왼쪽, 오른쪽의 위치가 바뀌고, 위나 아래로 뒤집을 때는 꼭짓점의 위, 아래 위치가 바뀝니다. 꼭짓점의 위치를 바꾸어 표시하고, 선분을 연결하여 도형을 완성합니다.

(2)

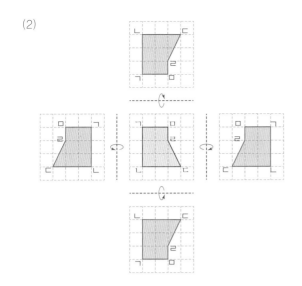

 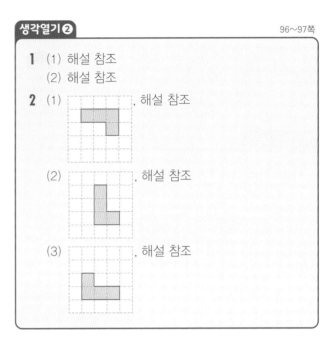
생각열기 ❷
96~97쪽

1 (1) 해설 참조
  (2) 해설 참조

2 (1) , 해설 참조

  (2) , 해설 참조

  (3) , 해설 참조

개념활용 ❶-3
94~95쪽

1 (1)

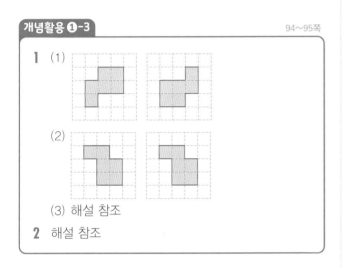

  (2)

  (3) 해설 참조

2 해설 참조

1 (3) 예 의 모양은 변하지 않고 방향만 바뀌었습니다.

2

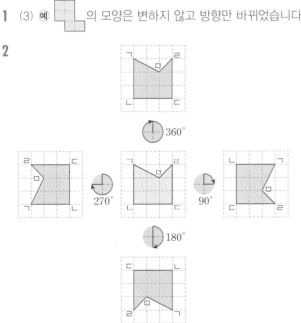

1 (1) 예 을 왼쪽으로 뒤집은 후 시계 방향으로 180° 돌려 을 만들었습니다. / 을 시계 방향으로 180° 돌린 후 왼쪽으로 뒤집어 을 만들었습니다.

  (2) 예 을 왼쪽으로 뒤집은 후 시계 방향으로 180° 돌려 을 만들었습니다. / 을 시계 방향으로 180° 돌린 후 왼쪽으로 뒤집어 을 만들었습니다.

2 (1) 예 을 오른쪽으로 뒤집은 후 시계 방향으로 90° 돌립니다. / 을 시계 방향으로 90° 돌리고 아래쪽(또는 위쪽)으로 뒤집습니다.

  (2) 예 을 아래쪽(또는 위쪽)으로 뒤집은 후 왼쪽(또는 오른쪽)으로 뒤집습니다. / 을 왼쪽(또는 오른쪽)으로 뒤집은 후 아래쪽(또는 위쪽)으로 뒤집습니다.

(3) 예 을 시계 반대 방향으로 90° 돌리고 위쪽(또는

아래쪽)으로 뒤집습니다. / 을 왼쪽(또는 오른쪽)

으로 뒤집은 후 시계 반대 방향으로 90° 돌립니다.

선생님의 참견

앞에서 배운 밀기, 뒤집기, 돌리기 등의 이동 방법 중 2가지를 차례로 적용하여 움직임을 관찰하고 직접 그려 보세요.

개념활용 ❷-1

98~99쪽

1 (1)~(3) 해설 참조
2 (1) 예 위쪽에 ○표, 90°에 ○표
  (2) 예
  (3) 해설 참조
  (4) 해설 참조

---

1 (1) 예 처음 모양을 시계 반대 방향으로 90° 돌리고, 아래로 뒤집었습니다.

  (2) 예 처음 모양을 왼쪽으로 뒤집고, 시계 반대 방향으로 90° 돌렸습니다.

  (3) 예 처음 모양을 시계 방향으로 270° 돌리고 위로 뒤집으면 움직인 모양이 됩니다.

2 (3) 예 위쪽으로 뒤집고 시계 반대 방향으로 90° 돌렸습니다.

  (4) 도형을 위나 아래로 뒤집으면 위와 아래의 위치가 바뀌고, 왼쪽이나 오른쪽으로 뒤집으면 왼쪽과 오른쪽의 위치가 바뀝니다. 시계 방향으로 돌릴 때는 윗부분과 아랫부분이 오른쪽으로 돌고, 시계 반대 방향으로 돌릴 때는 윗부분과 아랫부분이 왼쪽으로 돕니다. 한 바퀴를 돌리면 움직인 도형이 처음 도형과 같아집니다.

개념활용 ❷-2

100~101쪽

1 (1) 을 미는 것을 반복했습니다.
  (2) 을 아래쪽으로 뒤집는 것을 반복했습니다.
  (3) 해설 참조
2 (1)~(3) 해설 참조

---

1 (3) 예 을 ↓ 방향으로는 아래쪽으로 뒤집는 것을 반복해서 모양을 만들고, → 방향으로는 미는 것을 반복했습니다.

2 (1) 예 을 시계 방향으로 90° 돌리면서 이어 붙여 을 만들고, 을 → 방향으로 미는 것을 반복해서 모양을 만들고, ↓ 방향으로 밀고 이어 붙였습니다.

(2)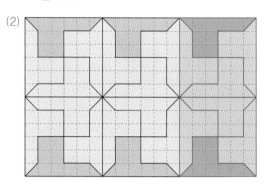

(3) 예 → 방향으로 을 밀면서 이어 붙이고, ↓ 방향으로는 을 아래쪽으로 뒤집은 다음 다시 → 방향으로 밀었습니다.

표현하기

102~103쪽

스스로 정리

1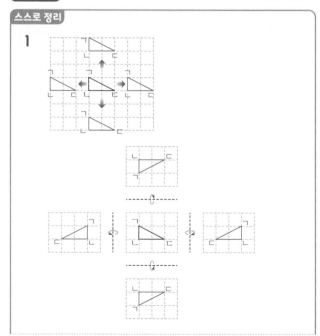

174

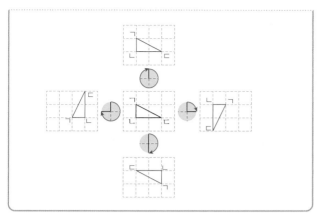

②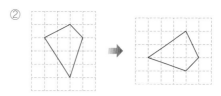

(예) 결과가 다릅니다. 순서를 바꾸면 결과가 달라질 수 있습니다.

개념 연결

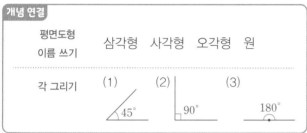

| 평면도형 이름 쓰기 | 삼각형 사각형 오각형 원 |

각 그리기 (1) 45° (2) 90° (3) 180°

1 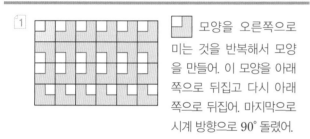 모양을 오른쪽으로 미는 것을 반복해서 모양을 만들어. 이 모양을 아래쪽으로 뒤집고 다시 아래쪽으로 뒤집어. 마지막으로 시계 방향으로 90° 돌렸어.

선생님 놀이

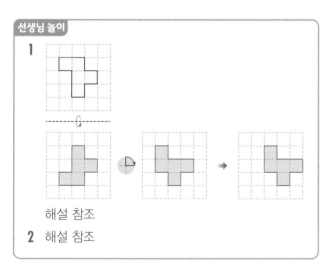

해설 참조

2 해설 참조

1 (예) 주어진 모양을 먼저 아래쪽으로 뒤집었습니다. 이 모양을 시계 방향으로 90°도 돌리고, 오른쪽으로 한 칸 밀면 마지막 모양이 됩니다.

2 ①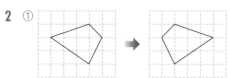

단원평가 기본　　　　　　　　104~105쪽

1 오른, 9

2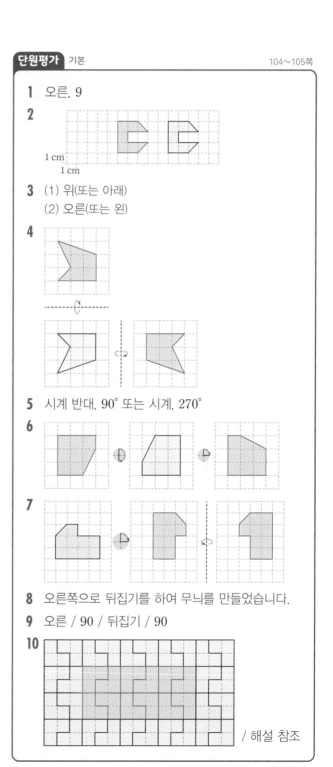
1 cm
1 cm

3 (1) 위(또는 아래)
　(2) 오른(또는 왼)

4

5 시계 반대, 90° 또는 시계, 270°

6

7

8 오른쪽으로 뒤집기를 하여 무늬를 만들었습니다.

9 오른 / 90 / 뒤집기 / 90

10

/ 해설 참조

175

1 ⓒ 도형은 ㉠ 도형의 오른쪽에 있으므로 오른쪽으로 밀어 움직인 것입니다.

ㄱ 도형에서 ㄴ 도형으로 밀어 움직였을 때 삼각형의 꼭짓점이 움직인 거리가 모눈 9칸이므로 9 cm 이동하였습니다.

2 도형의 한 변을 왼쪽으로 5 cm 밀어 봅니다. 모눈 한 칸의 길이가 1 cm이므로 도형을 왼쪽으로 5 cm 이동시키려면 모눈 5칸을 왼쪽으로 이동하면 됩니다.

3 (1) 도형을 위쪽 또는 아래쪽으로 뒤집기를 했을 때 도형의 위쪽과 아래쪽의 모양이 바뀝니다.

(2) 도형을 오른쪽 또는 왼쪽으로 뒤집기를 했을 때 도형의 왼쪽과 오른쪽의 모양이 바뀝니다.

4 도형을 위쪽으로 뒤집기하면 위쪽, 아래쪽의 모양이 바뀌고 도형을 오른쪽으로 뒤집기하면 왼쪽, 오른쪽의 모양이 바뀝니다.

5 ㄱ 도형의 위쪽이 ㄴ 도형의 왼쪽으로 바뀌었으므로 ㄴ 도형은 ㄱ 도형을 시계 반대 방향으로 90° 돌리기 또는 시계 방향으로 270° 돌리기를 하여 움직인 것입니다.

6 도형을 시계 방향으로 180° 돌리면 위쪽과 아래쪽, 오른쪽과 왼쪽이 모두 바뀝니다. 도형을 시계 방향으로 90° 돌리면 도형의 위쪽이 오른쪽으로 바뀝니다.

7 도형을 시계 방향으로 90° 돌리면 도형의 왼쪽이 위쪽으로 바뀝니다.
도형을 왼쪽으로 뒤집기를 하면 도형의 오른쪽과 왼쪽이 바뀝니다.

8 ▨ 은 ▨ 을 오른쪽으로 뒤집기를 하여 만든 모양입니다.

9 ‒ ②번 도형은 ①번 도형에서 도형의 왼쪽과 오른쪽이 바뀌었고, ①번 도형의 오른쪽에 있으므로 ②번 도형은 ①번 도형을 오른쪽으로 뒤집기를 한 것입니다.

‒ ③번 도형은 ②번 도형에서 도형의 위쪽이 오른쪽으로 바뀌었으므로 ②번 도형을 시계 방향으로 90° 돌리기를 한 것입니다.

‒ ④번 도형은 ③번 도형에서 도형의 왼쪽과 오른쪽이 바뀌었고, ③번 도형의 왼쪽에 있으므로 ④번 도형은 ③번 도형을 왼쪽으로 뒤집기를 한 것입니다.

‒ ④번 도형은 ①번 도형에서 도형의 위쪽이 왼쪽으로 바뀌었으므로 ①번 도형을 시계 반대 방향으로 90° 돌리기를 한 것입니다.

10 예 ▛ 모양을 시계 방향으로 180° 돌려서 오른쪽에 붙여

▛▜ 모양을 만들고 이것을 밀기로 이어 붙여 → 방향으로 무늬를 만듭니다. 한 줄이 완성되면 ↓ 방향으로는 아래로 뒤집기를 하면서 이어 붙입니다.

1 해설 참조

2 바다, 하늘

3 해설 참조

4
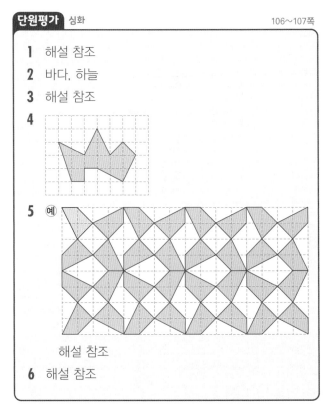

5 예

해설 참조

6 해설 참조

1 예 ㉮ 도형은 ㉯ 도형을 오른쪽으로 10 cm, 위쪽으로 1 cm 민 도형입니다. / ㉯ 도형은 ㉮ 도형을 왼쪽으로 10 cm, 아래쪽으로 1 cm 민 도형입니다.

2 도형을 왼쪽으로 7번 뒤집으면 도형의 왼쪽과 오른쪽이 서로 바뀝니다. 도형 뒤집기를 할 때 왼쪽, 오른쪽, 위쪽, 아래쪽으로 짝수 번 뒤집으면 처음 도형과 같습니다. 도형을 오른쪽으로 뒤집은 도형은 아래쪽으로 뒤집은 도형과 다릅니다(정사각형처럼 같은 경우도 있습니다).

3 예 ╬ 을 오른쪽(또는 왼쪽)으로 뒤집고 시계 방향으로 90°(또는 시계 반대 방향으로 270°) 돌렸습니다. / ╬ 을 시계 방향으로 90°(또는 시계 반대 방향으로 270°) 돌리고 위쪽(또는 아래쪽)으로 뒤집었습니다.

5 예 ◣ 을 시계 방향으로 90° 돌리고 이때 나온 모양을 돌리기를 하며 이어 붙여 ✳ 을 만든 다음 → 방향으로는 밀기, ↓ 방향으로는 아래로 뒤집기를 해서 만들었습니다. (밀기, 뒤집기, 돌리기의 방법이 모두 이용되었으면 정답으로 인정합니다.)

6 예 526을 오른쪽(왼쪽)으로 뒤집고, 위쪽(아래쪽)으로 뒤집었습니다. / 위쪽(아래쪽)으로 뒤집고, 오른쪽(왼쪽)으로 뒤집었습니다.

110~111쪽

1 (왼쪽에서부터) 28, 34, 15, 23

2 ~ 4 해설 참조

2

여름 방학에 놀러 가고 싶은 장소

장소	학생 수
산	◎◎○○○○○○○○
바다	◎◎◎○○○○○
계곡	◎○○○○○
실내 수영장	◎◎○○○

3 예 가장 많은 학생이 여름 방학에 놀러 가고 싶은 장소는 바다입니다. / 가장 적은 학생이 여름 방학에 놀러 가고 싶은 장소는 계곡입니다.

4 예 각각의 자료가 어느 정도 많은지를 한눈에 쉽게 비교할 수 있습니다.

112~113쪽

1 ~ 4 해설 참조

1

여름 방학에 하고 싶은 일

하고 싶은 일	학생 수
친구들과 놀기	◎◎◎◎◎◎○○○○
여행하기	◎◎◎
책 읽기	○○○○○
운동하기	◎◎○○○○
공부하기	◎○○○○○

2 예 여름 방학에 친구들과 놀고 싶은 학생 수는 65명, 여행을 가고 싶은 학생 수는 30명, 책을 읽고 싶은 학생 수는 5명, 운동을 하고 싶은 학생 수는 25명, 공부를 하고 싶은 학생 수는 15명입니다.

가장 많은 학생이 여름 방학에 하고 싶은 일은 친구들과 놀기입니다.

가장 적은 학생이 여름 방학에 하고 싶은 일은 책 읽기입니다.

여름 방학에 여행을 가고 싶은 학생 수는 공부를 하고 싶은 학생 수보다 2배만큼 더 많습니다.

3

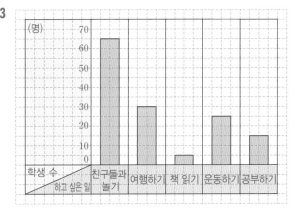

예 여름 방학에 하고 싶은 일별 학생 수를 사각형 모양으로 나타내면 사각형의 높이를 보고 한눈에 비교할 수 있습니다.

4 (1) 예 여름 방학에 하고 싶은 일별 학생 수를 나타내었습니다.

(2) 예 여름 방학에 하고 싶은 일별 학생 수를 그림그래프는 그림으로, 내가 그린 그래프는 막대로 나타내었습니다.

선생님의 참견

각 부분의 크기를 쉽게 비교할 수 있는 새로운 그래프에 대해 탐구해요. 이미 알고 있는 그림그래프를 그려 보고 새로운 그래프의 필요성을 느끼는 것이 중요해요. 표와 그래프의 역할을 생각해요.

114~115쪽

1 (1) 배우고 싶은 운동별 학생 수
(2) 해설 참조

2 (1) 운동 / 학생 수
(2) 배우고 싶은 운동별 학생 수
(3) 2명

3 (1), (2) 해설 참조

1 (2) 예 봄이네 학교 4학년 학생들이 배우고 싶은 운동이 무엇인지 알 수 있습니다. / 봄이네 학교 4학년 학생들이 모두 몇 명인지 알 수 있습니다. / 봄이네 학교 4학년 학생들이 배우고 싶은 운동별 학생 수를 정확히 알 수 있습니다.

3 (1) ⑩ 봄이네 학교 4학년 학생들이 배우고 싶은 운동별 학생 수를 나타냈습니다.

(2) ⑩ 봄이네 학교 4학년 학생들이 가장 배우고 싶은 운동을 한눈에 알아보기 편리합니다.

116~117쪽

개념활용 ❶-2

1 (1) 나일론 천
(2) 우유 팩

2 (1) 해설 참조
(2) 음료수 캔

3 (1), (2) 해설 참조

4 해설 참조

2 (1) 450년
⑩ 세로 눈금 한 칸이 25년을 나타냅니다.

3 (1) ⑩ 두 막대그래프 모두 쓰레기 종류별 자연으로 되돌아가는 데 걸리는 기간을 나타냅니다. / 가로는 쓰레기의 종류, 세로는 기간을 나타냅니다.

(2) ⑩ 가로에 나타난 쓰레기 종류가 다릅니다. / 바다의 막대그래프는 세로 눈금 한 칸이 1년을 나타내고, 하늘이의 막대그래프는 세로 눈금 한 칸이 25년을 나타냅니다.

4 ⑩ 페트병, 바다가 조사한 결과와 하늘이가 조사한 결과를 살펴봤을 때 자연으로 되돌아가는 데 걸리는 기간이 가장 길기 때문입니다.

생각열기 ❷

118~119쪽

1~3 해설 참조

1 ⑩

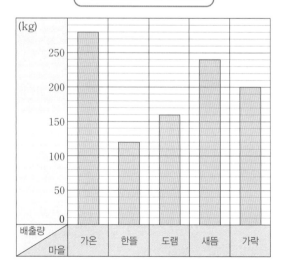

마을별 일일 쓰레기 배출량

2 ⑩ ① 가로에 마을, 세로에 배출량을 나타내기로 정합니다.
② 세로 눈금 한 칸의 크기를 10 kg으로 정합니다.
③ 조사한 배출량에 알맞게 막대를 그립니다.
④ 막대그래프에 알맞은 제목을 붙입니다.

3 (1) ⑩ **1**에서 나타낸 그래프는 세로 눈금 한 칸이 10 kg을 나타내고, (가) 그래프는 세로 눈금 한 칸이 20 kg을 나타냅니다.

(2) **1**에서 그린 그래프는 가로에 마을, 세로에 배출량을 써서 막대가 세로로 나타났지만 (나) 그래프는 가로에 배출량, 세로에 마을을 써서 막대가 가로로 나타났습니다.

선생님의 참견

막대그래프 그리는 방법을 정리해요. 각자 생각대로 막대그래프를 그려 보고 그 순서를 정리하는 것이 중요해요. 정리한 후에 다른 사람과 정리한 방법을 공유하여 수정하는 과정이 필요해요.

개념활용 ❷-1

120~121쪽

1 (1) 가로에는 일회용품의 종류, 세로에는 학생 수를 나타냅니다.
(2) 해설 참조
(3) 해설 참조

2 (1), (2) 해설 참조

1 (1) 가로에 학생 수, 세로에 일회용품의 종류를 나타낼 수도 있습니다.

(2) ⑩ 세로 눈금 한 칸은 1명을 나타내도록 정합니다. 그래야 가장 큰 값 10을 나타낼 수 있습니다.

(3) ⑩

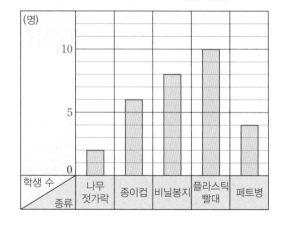

자주 사용하는 일회용품별 학생 수

2 (1) 예

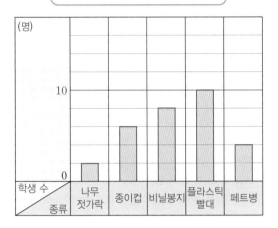

자주 사용하는 일회용품별 학생 수

(2) 예

자주 사용하는 일회용품별 학생 수

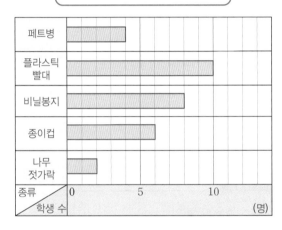

개념활용 ❷-2

122~123쪽

1 해설 참조

2 하는 일 / 학생 수

3 1명

4 해설 참조

5 해설 참조

---

1 (1)

일회용품 사용을 줄이기 위해 하는 일

하는 일	장바구니 사용하기	개인 컵 사용하기	일회용 빨대 사용하지 않기	나무젓가락 사용하지 않기	일회용 도시락 사용하지 않기	합계
학생 수 (명)	3	4	11	6	6	30

---

4 예

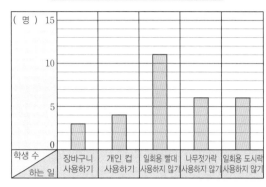

일회용품 사용을 줄이기 위해 하는 일

5 예 – 가장 많은 학생들이 일회용품 사용을 줄이기 위해 하는 일은 일회용 빨대 사용하지 않기입니다.

– 일회용품 사용을 줄이기 위해 나무젓가락을 사용하지 않는 학생 수와 일회용 도시락을 사용하지 않는 학생 수가 같습니다.

표현하기

124~125쪽

스스로 정리

1 해설 참조

개념 연결

기르고 싶은 동물별 학생 수

동물	학생 수
개	☺☺☺☺☺☺☺◡◡
고양이	☺☺☺◡◡◡
금붕어	☺☺◡◡◡

그림그래프

☺ 10명   ◡ 1명

1

분식집의 하루 판매량

음식	라면	떡볶이	김밥	돈까스
하루 판매량 (그릇)	31	22	20	15

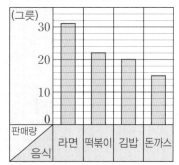

예 분식집의 하루 판매량

그림그래프에서 각 음식의 그릇 수를 세어 표를 만들었어.

막대그래프를 그린 방법은

① 가로에 음식, 세로에 하루 판매량을 나타내기로 정하고
② 눈금 한 칸을 2로 정했어.
③ 표의 수치를 막대로 나타낸 다음
④ 제목을 쓰면 막대그래프가 완성돼.

1

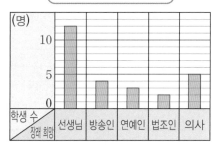

장래 희망별 학생 수

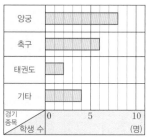

2 예 우리 반 친구들이 관람하고 싶은 경기

① 가로에 학생 수, 세로에 경기 종목을 나타냈습니다.
② 눈금 한 칸의 크기를 1로 정했습니다.
③ 학생 수를 막대로 나타냈습니다.
④ 제목을 써넣었습니다.

1 예 – 아시아에서는 중국의 금메달 수가 가장 많고, 그다음 일본, 대한민국 순서입니다.
– 대한민국의 금메달은 9개입니다.
– 대한민국과 일본을 합해도 중국보다 금메달 수가 적습니다.
– 카자흐스탄과 이란의 금메달 수는 같습니다.
– 일본의 금메달은 12개입니다.

단원평가 기본   126~127쪽

1 막대그래프
2 좋아하는 과일별 학생 수
3 1명
4 사과
5 70개
6 마 가게, 100개
7 라 가게
8 20개
9 (1) ○
  (2) ×
  (3) ○
  (4) ○
  (5) ×
10 해설 참조
11 해설 참조
12 해설 참조

1 조사한 수를 막대 모양으로 나타낸 그래프를 막대그래프라고 합니다.

3 세로 눈금 5칸이 5명을 나타내므로 1칸은 1명을 나타냅니다.

4 막대의 길이가 가장 긴 과일은 12칸인 사과입니다.

5 세로 눈금 1칸은 5개를 나타내고, **나** 가게는 50보다 4칸 위이므로 70개를 판매했습니다.

6 아이스크림을 가장 많이 판매한 가게는 막대의 길이가 가장 긴 **마** 가게입니다.

7 일주일 동안 판매한 아이스크림 수가 **가** 가게보다 적은 가게는 **가** 가게보다 막대의 길이가 짧은 **라** 가게입니다.

8 **다** 가게는 아이스크림을 80개, **바** 가게는 60개 판매했으므로 **다** 가게는 **바** 가게보다 아이스크림을 80－60＝20(개) 더 많이 판매했습니다.

9 (2) 세로 눈금 1칸은 2명을 나타내므로 솔반의 봉사 활동을 하고 싶은 학생 수는 14명, 별반의 봉사 활동을 하고 싶은 학생 수는 8명입니다. 따라서 솔반의 봉사 활동을 하고 싶은 학생 수는 별반의 2배가 아닙니다.

(5) 해반의 봉사 활동을 하고 싶은 학생 수는 빛반의 봉사 활동을 하고 싶은 학생 수보다 세로 눈금 1칸만큼 더 많습니다. 세로 눈금 1칸은 2명을 나타내므로 해반의 봉사 활동을 하고 싶은 학생 수는 빛반보다 2명 더 많습니다.

10 ⑩ - 봉사 활동을 하고 싶은 학생이 가장 많은 반은 달반이고, 가장 적은 반은 별반입니다.
　　- 꽃반의 봉사 활동을 하고 싶은 학생 수는 별반의 봉사 활동을 하고 싶어하는 학생 수의 2배입니다.

11 각 항목별 수에 맞게 막대를 그립니다.

⑩
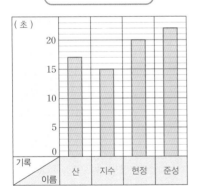
25 m 수영 기록

12
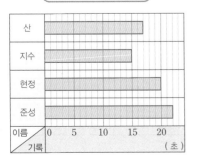
25 m 수영 기록

---

1 ~ 2 해설 참조

1 ⑩

다음 달 예상 날씨

날씨	맑음	구름 많음	흐림	비	황사	합계
날수 (일)	6	3	7	12	2	30

다음 날 예상 날씨

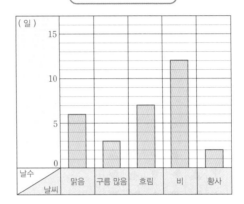

2 ⑩

(다음 달 날씨 예보)

기억하기

132~133쪽

1 (1)

+	0	2	4	6
11	11	13	15	17
13	13	15	17	19
15	15	17	19	21
17	17	19	21	23

(2)

×	1	3	5	7
1	1	3	5	7
3	3	9	15	21
5	5	15	25	35
7	7	21	35	49

2 (1)

(2) 해설 참조

3 (1) 해설 참조

(2) 16개

2 (2) 예 ▲, ▶, ▼가 반복됩니다. / 빨간색, 파란색, 초록색이 반복됩니다. / ╱ 방향으로 같은 색깔이 반복됩니다. / ╱ 방향으로 같은 모양이 반복됩니다.

3 (1) 예 쌓기나무가 아래쪽으로 1개, 3개, 5개로 늘어납니다. / 쌓기나무가 아래층으로 갈수록 2개씩 늘어납니다.

(2) 1+3+5+7=16(개)

생각열기 ❶

134~135쪽

1 (1), (2) 해설 참조

2 (1) 해설 참조

(2) 11025 / 해설 참조

3 해설 참조

---

1 (1) 예 가로 → 방향을 보면 알파벳이 A, B, C, D, E와 같이 순서대로 하나씩 변합니다. / → 방향으로 수가 1씩 커집니다. / 세로 ↑ 방향으로 수가 100씩 커집니다. / 세로 방향에 같은 알파벳이 있습니다. / 대각선 ╲, ╱ 방향으로 알파벳이 순서대로 하나씩 변합니다. / ╲ 방향으로 수가 99씩 작아집니다. / ╱ 방향으로 수가 101씩 커집니다.

(2)

호수	찾은 방법
① D504	예 C 다음 알파벳은 D이고, 가로 → 방향으로 1씩 커지므로 D504입니다. / 세로 ↑ 방향을 보면 알파벳은 모두 D이고 100씩 커지므로 D504입니다.
② C203	예 B 다음 알파벳은 C이고, 가로 → 방향으로 1씩 커지므로 C203입니다. / 세로 ↓ 방향을 보면 알파벳은 모두 C이고 100씩 작아지므로 C203입니다. / 대각선 ╲ 방향을 보면 B 다음 알파벳은 C이고 99씩 작아지므로 C203입니다.
③ E105	예 D 다음 알파벳은 E이고, 가로 → 방향으로 1씩 커지므로 E105입니다. / 세로 ↓ 방향을 보면 알파벳은 모두 E이고 100씩 작아지므로 E105입니다. / 대각선 ╲ 방향을 보면 D 다음 알파벳은 E이고 99씩 작아지므로 E105입니다.

2 (1) 예 곱셈을 이용한 수 배열표입니다. / 101 줄은 101씩, 102 줄은 102씩…… 커집니다. / 101 줄은 백의 자리 수와 일의 자리 수가 각각 1씩 커집니다. / 대각선 ╲ 방향으로 커지는 수가 2씩 늘어납니다. (10404−10201=203, 10609−10404=205……) / 대각선 ╲ 을 기준으로 양쪽에 같은 수가 있습니다.

(2) 예 105×105=11025이므로 11025입니다. / 105 줄은 105씩 커지므로 10605+105+105+105+105=11025입니다. / 대각선 ╲ 방향으로 커지는 수가 2씩 늘어납니다. 10609−10404=205이므로 빈칸에 들어갈 수는 10609+207+209=11025입니다.

3 예 ① 가로 → 방향으로 100씩 커집니다.

② 세로 ↓ 방향으로 1000씩 커집니다.

1000	1100	1200	1300	1400
2000	2100	2200	2300	2400
3000	3100	3200	3300	3400
4000	4100	4200	4300	4400
5000	5100	5200	5300	5400

수의 배열에서 규칙을 찾는 탐구 활동이에요. 수 배열표에서 계산 도구를 이용하거나 수의 배열을 살펴보며 다양한 변화 규칙을 스스로 찾아 설명하고 그 규칙을 수나 식으로 나타낼 수 있어야 해요.

개념활용 ❶-1

136~137쪽

1 (1) 해설 참조
  (2) 해설 참조
  (3) ① 40504, ② 30203 / 해설 참조

2 ~ 3 해설 참조

4 (1) 해설 참조
  (2) ◎: 0, ★: 0 / 해설 참조

---

1 (1) 예 10001씩 커집니다. / 만의 자리 수와 일의 자리 수가 각각 1씩 커집니다.

  (2) 예 100씩 작아집니다. / 백의 자리 수가 1씩 작아집니다.

  (3) 예 ① 30503보다 10001 큰 수는 40504입니다. / 40404보다 100 큰 수는 40504입니다.
    ② 20202보다 10001 큰 수는 30203입니다. / 30303보다 100 작은 수는 30203입니다.

2 (1) 예 두 수의 덧셈 결과에서 일의 자리 숫자를 쓴 것입니다.

  (2) 예 가로 → 방향으로 1씩 커집니다. / 세로 ↓ 방향으로 1씩 커집니다. / 대각선 ╲ 방향으로 2씩 커집니다. / 대각선 ╱ 방향에 같은 수가 있습니다. / 대각선 ╲ 방향을 기준으로 양쪽에 같은 수가 있습니다.

3 (1) 예 가로 → 방향으로 20씩 커집니다. / 십의 자리 수가 2씩 커집니다.

  (2) 예 대각선 ╲ 방향으로 2020씩 커집니다. / 천의 자리 수와 십의 자리 수가 각각 2씩 커집니다.

4 (1) 예 두 수의 곱셈의 결과에서 일의 자리 숫자를 쓴 것입니다. / 1부터 시작하는 가로와 세로는 1씩 커집니다. / 2부터 시작하는 가로와 세로는 2씩 커집니다.

  (2) ◎: 예 4부터 시작하는 가로는 4씩 커지고 6+4=10이므로 일의 자리 숫자인 0입니다. / 5부터 시작하는 세로는 5, 0이 반복되므로 0입니다.
    ★: 예 2부터 시작하는 세로는 2씩 커지고 8+2=10이므로 일의 자리 숫자인 0입니다. / 5부터 시작하는 가로는 5, 0이 반복되므로 0입니다.

생각열기 ❷

138~139쪽

1 (1) 해설 참조
  (2) 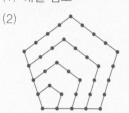, 해설 참조

2 (1) 해설 참조
  (2)

3 해설 참조

---

1 (1) 예 대각선 ╱, ╱ 방향으로 첫째, 셋째, 다섯째 줄만 색칠합니다. / 대각선 ╱, ╱ 방향으로 홀수 줄은 색칠을 하고 짝수 줄은 색칠을 하지 않습니다. / 색칠하는 칸의 수가 2씩 늘어납니다. / 대각선 ╱, ╱ 방향으로 색칠하는 칸과 색칠하지 않는 칸이 1씩 늘어납니다.(1칸 색칠, 2칸 색칠하지 않음, 3칸 색칠 ……)

  (2) 예 3칸을 색칠했기 때문에 2칸 늘어난 5칸을 색칠합니다. / 셋째 줄을 색칠했기 때문에 홀수 줄인 다섯째 줄을 색칠합니다. / 3칸은 색칠하고 4칸은 색칠하지 않았기 때문에 5칸을 색칠합니다.

2 (1) 예 오각형의 한 변에 있는 점의 수가 1씩 늘어납니다. / 전체 점의 수가 1, 5, 12, 22로 늘어나서 늘어나는 점의 수가 4, 7, 10으로 3씩 커집니다. / 도형 위 점의 수가 5, 10, 15로 5씩 커집니다.

3 예 ① 사각형 모양으로 점의 개수 늘어납니다.
    ② 가로 한 줄에 있는 점의 수가 1, 2, 3, 4로 1씩 커집니다.
    ③ 세로 한 줄에 있는 점의 수가 1, 2, 3, 4로 1씩 커집니다.

첫째	둘째	셋째	넷째
•			

도형의 배열에서 규칙을 찾는 탐구 활동이에요. 도형의 배열을 살펴보며 스스로 수의 규칙을 찾거나 모양의 변화 규칙을 찾고 이를 자신의 말로 설명할 수 있어야 해요. 이를 통해 추측하는 능력을 기르고, 자신이 발견한 규칙을 설명하는 능력을 기르게 되지요.

1 (1) 해설 참조
  (2) 해설 참조
  (3)  , 35 / 해설 참조

2 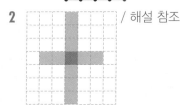 / 해설 참조

3 (1) 해설 참조
  (2) 25개 / 해설 참조
  (3)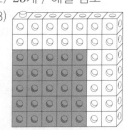

입니다. / 한 변에 있는 모형의 수가 5개, $5 \times 5 = 25$ 이므로 25개입니다.

1 (1), (2) 해설 참조
2 (1) 해설 참조
  (2) $99999 \times 88889 = 8888811111$ / 해설 참조
3 해설 참조

1 (1) 예

	첫째	둘째	셋째	넷째
점의 수	1	5	12	22
늘어나는 점의 수	1	4	7	10	

(2) 예 전체 점의 수가 1, 5, 12, 22로 늘어나서 늘어나는 점의 수가 4, 7, 10으로 3씩 커집니다.

(3) 예 네 번째 점의 수는 22개, 늘어나는 수는 $10 + 3$ $= 13$이고 $22 + 13 = 35$이므로 35개가 필요합니다. / 다섯째 모양이므로 한 변에 점을 5개씩 그리면 됩니다. 늘어난 점의 수를 세어 보면 13개이므로 여기에 네 번째 점의 수를 더하면 35개입니다.

2 예 회색 도형을 기준으로 세로, 가로순으로 색칠된 도형의 수가 2씩 늘어납니다. / 회색 도형을 기준으로 세로 2개(위, 아래 각각 1개), 가로 2개(왼쪽, 오른쪽 각각 1개), 세로 4개, 가로 4개로 늘어납니다.

3 (1) 예 한 변에 있는 모형의 수가 1, 2, 3, 4로 1씩 커집니다. / 전체 모형의 수가 1개, 4개, 9개, 16개이고, 이는 각각 1×1, 2×2, 3×3, 4×4입니다. / 모형의 수가 1개, 4개, 9개, 16개이므로 늘어나는 수는 3, 5, 7입니다. 늘어나는 수가 2씩 커집니다.

(2) 예 다섯째이므로 5×5를 계산하면 25개입니다. / 넷째 모형의 수가 16개이고 $16 + 7 + 2 = 25$이므로 25개

1 (1) 예

덧셈식	규칙
$1 + 7 = 8$	
$2 + 8 = 10$	연결된 두 수를 더한 값이 2씩 커집니다.
$3 + 9 = 12$	/ 덧셈의 결과값이 모두 짝수입니다. /
$4 + 10 = 14$	더하는 두 수가 모두 1씩 커집니다. / 더
$5 + 11 = 16$	하는 두 수의 차는 모두 6입니다.
$6 + 12 = 18$	

(2) 예

뺄셈식	규칙
$12 - 6 = 6$	
$11 - 5 = 6$	
$10 - 4 = 6$	연결된 두 수의 차는 모두 6입니다. /
$9 - 3 = 6$	뺄셈식에서 두 수가 모두 1씩 작아집
$8 - 2 = 6$	니다.
$7 - 1 = 6$	

2 (1)

순서	계산식
첫째	$9 \times 9 = 81$
둘째	$99 \times 89 = 8811$
셋째	$999 \times 889 = 888111$
넷째	$9999 \times 8889 = 88881111$
다섯째	

예 곱해지는 수(앞에 있는 수)의 9의 개수가 1개씩 늘어 납니다. / 곱하는 수(뒤에 있는 수)의 일의 자리 수는 9이고 십의 자리, 백의 자리……에 8의 개수가 1개 씩 늘어납니다. / 계산 결과의 8과 1의 개수가 각각 1개씩 늘어납니다. / 계산 결과의 8의 개수와 1의 개수가 같습니다.

(2) 예 곱해지는 수는 넷째에서 9의 개수가 1개 늘어나 9가 5개입니다. 곱하는 수는 넷째에서 8의 개수가 1개 늘어나 8이 4개여야 합니다. 계산 결과는 넷째에서 8과 1의 개수가 각각 1개씩 늘어나서 5개씩입니다.

3 예 ① 곱하는 수와 곱해지는 수의 1의 개수가 각각 1개씩 늘어납니다.

② 계산 결과는 가운데를 중심으로 접으면 같은 수가 만납니다.

③ 계산 결과에서 가운데를 중심으로 양쪽에 있는 숫자는 각각 1씩 작아집니다.

순서	계산식
첫째	$1 \times 1 = 1$
둘째	$11 \times 11 = 121$
셋째	$111 \times 111 = 12321$
넷째	$1111 \times 1111 = 1234321$
다섯째	$11111 \times 11111 = 123454321$

선생님의 참견

계산식의 배열에서 규칙을 찾는 활동이에요. 덧셈식, 뺄셈식, 곱셈식, 나눗셈식에서 계산 도구를 이용하거나 계산식의 배열을 살펴보며 다양한 변화 규칙을 스스로 찾아 설명하고 계산 결과를 추측해 보세요.

개념활용 ❸-1

144~145쪽

1 해설 참조

2 (1) 해설 참조
   (2) 해설 참조
   (3) $654 \div 6 = 109$

3 (1) 해설 참조
   (2) $54321 \times 9 = 488889$
   (3) $7654321 \times 9 = 68888889$

4 (1), (2) 해설 참조

1 예

덧셈식	규칙
$1 + 7 = 8$	
$2 + 8 = 10$	연결된 두 수를 더한 값이 2씩 커집니다. / 덧셈의 결과값이 모두 짝수입니다. / 더하는 두 수가 모두 1씩 커집니다. / 더하는 두 수의 차는 모두 6입니다.
$3 + 9 = 12$	
$4 + 10 = 14$	
$5 + 11 = 16$	
$6 + 12 = 18$	

뺄셈식	규칙
$12 - 6 = 6$	
$11 - 5 = 6$	
$10 - 4 = 6$	연결된 두 수의 차는 모두 6입니다. / 뺄셈식에서 두 수가 모두 1씩 작아집니다
$9 - 3 = 6$	
$8 - 2 = 6$	
$7 - 1 = 6$	

2 (1)

순서	나눗셈식
첫째	$6000054 \div 6 = 1000009$
둘째	$600054 \div 6 = 100009$
셋째	$60054 \div 6 = 10009$
넷째	$6054 \div 6 = 1009$
다섯째	

(2) 예 나누어지는 수의 0의 개수가 1개씩 줄어듭니다. / 나누는 수는 모두 6입니다. / 계산 결과는 처음과 끝에 있는 숫자가 각각 1과 9이고 사이에 있는 0의 개수가 1개씩 줄어듭니다.

(3) 나누어지는 수에서 0의 개수가 하나씩 줄어들고 있으므로 나눗셈식은 6054에서 0이 하나 줄어든 $654 \div 6$입니다. 계산 결과는 1009에서 0의 개수가 하나 줄어든 109입니다.

3 (1) 예 곱해지는 수는 일의 자리 숫자부터 자리 수가 커질수록 1, 2, 3, 4로 1씩 커집니다. / 곱하는 수는 모두 9입니다. / 계산 결과는 둘째부터 자리 수가 하나씩 늘어납니다. / 계산 결과의 일의 자리 숫자는 모두 9이고, 가장 큰 자리의 숫자는 0, 1, 2, 3으로 1씩 늘어납니다. / 계산 결과 가운데에 있는 8의 개수가 하나씩 늘어납니다.

(2) 곱해지는 수는 일의 자리 숫자부터 자리 수가 커질수록 1, 2, 3, 4로 1씩 커지니까 54321×9가 되고, 계산 결과의 일의 자리 숫자는 모두 9, 가장 큰 자리의 수는 3보다 1 큰 수인 4, 가운데에 있는 8의 개수가 이전 단계보다 하나 늘어나야 하므로 $54321 \times 9 = 488889$입니다.

(3) 8의 개수가 6개이므로 $7654321 \times 9 = 68888889$입니다.

4 (1) 예 $6 + 20 = 13 \times 2$ / $7 + 21 = 14 \times 2$
   (2) 예 $9 + 15 = 21 + 3$ / $10 + 16 = 22 + 4$

185

스스로 정리

1 (1)

504	514	524	534
404	414	424	434
304	314	324	334
204	214	224	234
104	114	124	134

(2) 둘째   다섯째

개념 연결

덧셈표와 곱셈표

+	0	1	2	3	4	5	6	7	8	9
0	0	1	2	3	4	5	6	7	8	9
1	1	2	3	4	5	6	7	8	9	10
2	2	3	4	5	6	7	8	9	10	11
3	3	4	5	6	7	8	9	10	11	12
4	4	5	6	7	8	9	10	11	12	13
5	5	6	7	8	9	10	11	12	13	14
6	6	7	8	9	10	11	12	13	14	15
7	7	8	9	10	11	12	13	14	15	16
8	8	9	10	11	12	13	14	15	16	17
9	9	10	11	12	13	14	15	16	17	18

×	1	2	3	4	5	6	7	8	9
1	1	2	3	4	5	6	7	8	9
2	2	4	6	8	10	12	14	16	18
3	3	6	9	12	15	18	21	24	27
4	4	8	12	16	20	24	28	32	36
5	5	10	15	20	25	30	35	40	45
6	6	12	18	24	30	36	42	48	54
7	7	14	21	28	35	42	49	56	63
8	8	16	24	32	40	48	56	64	72
9	9	18	27	36	45	54	63	72	81

×	2	3	5	6	8
50	100	150	250	300	400
100	200	300	500	600	800
200	400	600	1000	1200	1600
250	500	750	1250	1500	2000
350	700	1050	1750	2100	2800

50×□=100에서 □=2이므로 가로 첫째 칸은 2야.
200×□=1000에서 □=5이므로 가로 셋째 칸은 5야.
□×3=300에서 □=100이므로 세로 둘째 칸은 100이야.

□×6=1500에서 □=250이므로 세로 넷째 칸은 250이야. 나머지는 계속 곱셈을 하면 완성할 수 있어.

선생님 놀이

1 해설 참조

2 3, 15, 3, 105, 220 / 해설 참조

1 예 8+1=9, 9+1=10, 가로 오른쪽으로 1씩 커집니다. / 8+7=15, 9+7=16, 세로 아래로 7씩 커집니다. / 9-1=8, 10-1=9, 가로 왼쪽으로 1씩 작아집니다. / 15-7=8, 16-7=9, 세로 위로 7씩 작아집니다. / 1+8=9, 2+8=10, ╲ 방향으로 8씩 커집니다.

2 똑같은 간격으로 떨어진 세 수는 가운데 수를 기준으로 차이가 같기 때문에 세 수의 합은 가운데 수를 세 번 더한 것과 같습니다. 즉, 세 수의 합은 (가운데 수)×3입니다.

1 (위에서부터) 32103, 44105, 51102, 62103

2 (1) 해설 참조
(2) (위에서부터) C10, D8, E6

3 (1) 해설 참조
(2) (위에서부터) 8, 7, 1

4
다섯째   일곱째

5 (1) 해설 참조
(2) 예

6 6+18=12×2, 7+19=13×2, 8+20=14×2
6+12=18, 7+13=19+1, 8+14=20+2

7 (1) 해설 참조
(2) (위에서부터) 6, 37, 444, 12, 37

8 예 4÷4=1, 16÷4÷4=1, 64÷4÷4÷4=1,
256÷4÷4÷4÷4=1

1 가로 → 방향을 보면 만의 자리, 백의 자리, 십의 자리 수가 같고, 천의 자리, 일의 자리 수가 1씩 커집니다. 세로 ↓를 보면 만의 자리 수가 1씩 커지고 나머지 자리의 수는 모두 같습니다.

2 (1) 예 가로로 보면 알파벳이 모두 같습니다. / 가로 → 방향은 수가 1씩 커집니다. / 세로 ↓ 방향은 알파벳이 A, B, C, D, E 순서대로 하나씩 변합니다. / 세로 방향을 보면 숫자가 모두 같습니다. / 대각선 ↘ 방향으로 알파벳이 순서대로 하나씩 변하고 수도 1씩 커집니다.

3 (1) 두 수의 덧셈의 결과에서 일의 자리 숫자를 쓴 것입니다. / 가로 → 방향으로 1씩 커집니다. / 세로 ↓ 방향으로 1씩 커집니다. / 대각선 ↘ 방향으로 2씩 커집니다.

(2)

	5001	5102	5203	5304	5405
13	4	5	6	7	8
14	5	6	7	8	9
15	6	7	8	9	0
16	7	8	9	0	1

4 첫째~넷째를 보면 파란색 칸이 시계 방향으로 한 칸씩 칠해집니다. 여섯째를 보면 ①과 ②가 칠해졌습니다. 따라서 다섯째에는 ①이 색칠되어 있어야 합니다. 여섯째에는 ②가 칠해졌으므로 일곱째에는 시계 방향으로 ③에 색칠이 되어야 합니다.

5 (1) 예 전체 모형의 수가 1, 2, 4, 7……로 1개, 2개, 3개……씩 늘어납니다. / 모형의 수가 가로 1개, 세로 2개, 가로 3개, 세로 4개 ……로 가로, 세로 순서로 하나씩 늘어납니다.

7 (1) 예 곱해지는 수(앞에 있는 수)는 3, 6, 9, 12로 3씩 커집니다. / 곱하는 수는 모두 37입니다. / 계산 결과는 111, 222, 333……으로 각 자리의 숫자가 각각 1씩 커집니다. / 계산 결과에서 각 자리에 있는 숫자는 모두 같습니다.

8 ÷3의 개수가 하나씩 늘어나고, 가장 앞에 있는 나누어지는 수가 이전 단계의 (나누어지는 수)×3입니다. 따라서 나누는 수가 4일 때 계산식에서는 ÷4의 개수가 하나씩 늘어나야 하고, 가장 앞에 있는 나누어지는 수가 이전 단계의 (나누어지는 수)×4가 되어야 합니다.

150~151쪽

단원평가 심화

1 (1) 해설 참조
  (2) 5 / 10
  (3) $1+5+10+10+5+1=2×2×2×2×2$

2 111111, 111111 / 해설 참조

3 해설 참조

4 (1) 해설 참조
  (2)

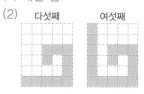

다섯째   여섯째

1 (1) 예 가로 줄에서 처음과 끝은 항상 1입니다. / 옆으로 나란히 있는 두 수를 더한 값이 아래쪽 사이에 있는 수입니다. / 가운데를 중심으로 반을 접으면 같은 수가 만납니다.

2 예 규칙을 보면 계산 결과의 가운데에 있는 숫자는 곱해지는 수 또는 곱하는 수 두 수에 있는 1의 개수와 같습니다. 예를 들어서, 두 수에 1이 1개씩 있을 때는 1×1=1입니다. 11×11일 때는 두 수에 1이 각각 2개씩 있으므로 11×11=121입니다. 111×111일 때는 1이 3개씩이므로 111×111=12321, 1111×1111일 때는 1이 각각 4개씩이므로 1111×1111=1234321입니다. 12345654321은 가운데에 있는 숫자가 6이므로 곱해지는 수와 곱하는 수 각각에 1이 6개씩 있어야 합니다. 따라서 111111×111111입니다

3 예 1+9=5+5 / 2+10=6+6 / 3+11=7+7 / 1+6+11=6×3 / 2+7+12=7×3 / 3+8+13=8×3

4 (1) 예 가운데를 기준으로 위쪽, 오른쪽, 아래쪽 시계 방향으로 도형이 배열됩니다. / 늘어나는 도형의 수가 1개, 2개, 3개로 1씩 늘어납니다.

수학의 미래
초등 4-1

지은이 | 전국수학교사모임 미래수학교과서팀

초판 1쇄 인쇄일 2020년 12월 15일
초판 1쇄 발행일 2020년 12월 24일

발행인 | 한상준
편집 | 김민정 강탁준 손지원 송승민
삽화 | 조경규 홍카툰
디자인 | 디자인비따 한서기획 김미숙
마케팅 | 강점원
관리 | 김혜진

발행처 | 비아에듀(ViaEdu Publisher)
출판등록 | 제313-2007-218호
주소 | 서울시 마포구 월드컵북로6길 97 2층
전화 | 02-334-6123　　　**홈페이지** | viabook.kr
전자우편 | crm@viabook.kr

ⓒ 전국수학교사모임 미래수학교과서팀
ISBN 979-11-91019-15-5 64410
ISBN 979-11-91019-08-7 (전12권)